配电网实用技术丛书

10kV 配电设备电气试验

陕西省地方电力（集团）有限公司培训中心　编
中国能源研究会城乡电力（农电）发展中心　审

中国电力出版社
CHINA ELECTRIC POWER PRESS

内 容 提 要

为加快高素质技能人才队伍培养，提升配电网技术人员职业技能水平，陕西省地方电力（集团）有限公司（简称集团公司）按照四支人才队伍建设总体思路，由陕西省地方电力（集团）有限公司培训中心组织集团公司系统的管理、技术、技能和培训教学等方面的专家，立足地电实际，面向未来发展，策划编写了《配电网实用技术丛书》。丛书包含配电、变电、自动化、试验等分册，每本书涵盖了单一职业种类的基础知识、专业知识和专业技能。

本书为《配电网实用技术丛书 10kV 配电设备电气试验》分册。全书共分十一章，分别是配电变压器试验、10kV 互感器试验、真空断路器试验、隔离开关试验、10kV 电容器试验、母线试验、电力电缆试验、避雷器试验、绝缘子试验、配电线路定相测量、接地装置的接地电阻测量。

本书适用于供电企业有关专业技术人员、生产一线配网作业人员自学阅读，也可作为电力企业配电网岗位技能培训和电力职业院校教学参考之用。

图书在版编目（CIP）数据

10kV 配电设备电气试验 / 陕西省地方电力(集团)有限公司培训中心编. 一北京：中国电力出版社，2020.6
(2024.10重印)
(配电网实用技术丛书)
ISBN 978-7-5198-4390-8

Ⅰ.①1… Ⅱ.①陕… Ⅲ. ①配电装置-电工试验 Ⅳ. ①TM642

中国版本图书馆 CIP 数据核字（2020）第 032737 号

出版发行：中国电力出版社
地　　址：北京市东城区北京站西街 19 号（邮政编码 100005）
网　　址：http://www.cepp.sgcc.com.cn
责任编辑：王　南（010-63412876）
责任校对：黄　蓓　于　维
装帧设计：王红柳
责任印制：石　雷

印　　刷：北京天宇星印刷厂
版　　次：2020 年 6 月第一版
印　　次：2024 年 10 月北京第四次印刷
开　　本：787 毫米×1092 毫米　16 开本
印　　张：9.5
字　　数：219 千字
印　　数：3801—4300 册
定　　价：45.00 元

《10kV配电设备电气试验》编写组

主　　编　张怀春

副 主 编　王煜东

参编人员　张利军　薛晓慧　张笑娟

前言

党的十九大报告提出，建设知识型、技能型、创新型劳动者大军，弘扬劳模精神和工匠精神，营造劳动光荣的社会风尚和精益求精的敬业风气。为加快高素质技能人才队伍培养，提升配电网技术人员职业技能水平，陕西省地方电力（集团）有限公司（简称集团公司）按照四支人才队伍建设总体思路，由陕西省地方电力（集团）有限公司培训中心组织集团公司系统的管理、技术、技能和培训教学等方面的专家，立足地电实际，面向未来发展，策划编写了《配电网实用技术丛书》，遵循简单易学、够用实用的原则，依据规程规范和标准，突出岗位能力要求，贴近工作现场，体现专业理论知识与实际操作内容相结合的职业培训特色，以期建立系统的技能人才岗位学习和培训资料，为电力企业员工培训提供参考。

《配电网实用技术丛书》包含配电、变电、自动化、试验等分册，每本书涵盖了单一职业种类的基础知识、专业知识和专业技能。本书为《10kV 配电设备电气试验》分册。

10kV 配电网和用电客户直接相连，是电能传输的“最后一公里”。为最大限度满足社会用电需求，必须严把电气设备交接试验入口关，把好电气设备状态监测和定期停电试验相结合的检定关，确保电气设备在出现不良状态时及时发现缺陷，避免电气设备事故的发生，减少电气设备停电试验次数，提高供电可靠性。

本书以“立足地电，突出特色，简明易行”为原则，参照陕西省地方电力（集团）有限公司 10kV 配电网设备运行情况，参考电力行业最新的标准、规范、规定，基本涵盖了 10kV 配电网所有的电气设备试验内容。主要有电气设备绝缘的基础知识、电气设备的试验项目、试验方法、试验数据分析、试验报告等，涉及的主要电气设备有配电变压器、断路器、电容器、电缆等。

本书共分十一章，分别是配电变压器试验、10kV 互感器试验、真空断路器试验、隔离开关试验、10kV 电容器试验、母线试验、电力电缆试验、避雷器试验、绝缘子试验、配电线路定相测量、接地装置的接地电阻测量，其中第一、二章由张利军编写；第三、四、六、九章由薛晓慧编写；第五章由张笑娟编写；第七、八、十、十一章由王煜东编写。

本书在编写过程中，得到了陕西省地方电力（集团）有限公司及所属各分公司的大力支持，中国能源研究会城乡电力（农电）发展中心及全国地方电力企业联席会等各兄弟单位对本书的编写提出了许多宝贵的意见和建议，在此一并表示衷心感谢！

本书适用于供电企业有关专业技术人员、生产一线配电网作业人员自学阅读，也可作为电力企业配网岗位技能培训和电力职业院校教学参考之用。

由于编者水平有限，编写时间仓促，书中疏漏和不足之处在所难免，敬请专家和读者朋友批评指正。

编　者

2020年3月

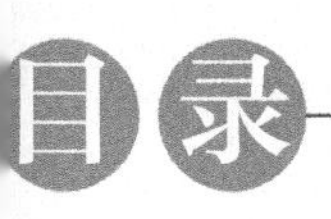

目录

目录

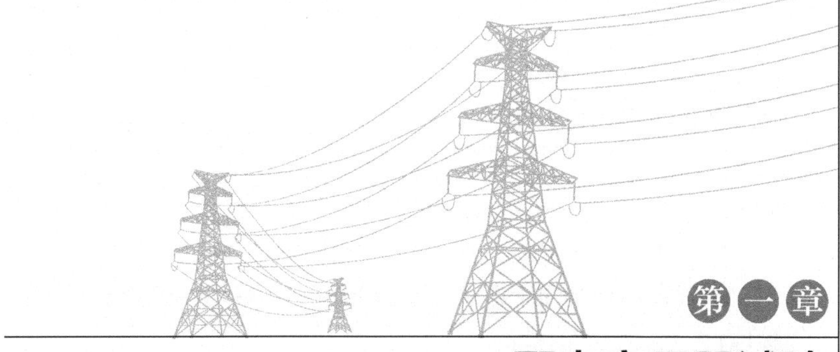

第一章

配电变压器试验

模块1 配电变压器绕组直流电阻试验

一、试验目的

（1）检查绕组内部导线接头的焊接、压接质量；
（2）检查引线与绕组接头的焊接质量；
（3）调压分接开关各个分接位置及引线与套管的接触是否良好；
（4）分接开关实际位置与指示位置是否相符；
（5）绕组或引出线有无部分断路、接触不良；
（6）绕组有无匝间、层间短路现象；
（7）多股导线并绕的绕组是否有断股情况。

二、适用范围

交接、预试、大修、调换分接开关后、故障后。

三、试验准备

（1）了解被试设备现场情况及试验条件。查勘现场，查阅相关技术资料，包括该设备出厂试验数据、历年试验数据及相关规程等，掌握该设备运行及缺陷情况。

（2）准备试验仪器、设备。直流电阻测试仪、测试线（夹）、温（湿）度计、接地线、放电棒、万用表、电源盘（带漏电保护器）、安全带、安全帽、电工常用工具、试验临时安全遮栏、标示牌等，并查阅试验仪器、设备及绝缘工器具的检定证书有效期。

（3）办理工作票并做好试验现场安全和技术措施。工作负责人向试验人员交代工作内容、带电部位、现场安全措施、现场作业危险点，明确人员分工及试验程序。

四、试验仪器、设备的选择

直流电阻测试仪，准确度不低于0.5级。

五、危险点分析与预控措施

（1）防止高处坠落。应使用变压器专用爬梯上下，在变压器上作业系好安全带。

（2）防止高处落物伤人。高处作业应使用工具袋，上下传递物件应使用绳索拴牢传递，严禁抛掷。

（3）防止工作人员触电。拆、接试验接线前，应将被试设备对地充分放电；在充、放电过程中，严禁人员触及变压器套管金属部分；测量引线要连接牢固，试验仪器的金属外壳应可靠接地。

（4）防止试验仪器损坏。防止方向感应电动势损坏测试仪。对无载调压变压器测量时，若需要切换分接挡位，必须停止测量，待测试仪提示“放电”完毕后，方可切换分接开关。在测量过程中，不能随意切断电源及更换接在被试品两端的测量连接线。

六、试验接线

变压器高、低压绕组连同套管的直流电阻测量接线图如图 1－1 和图 1－2 所示。

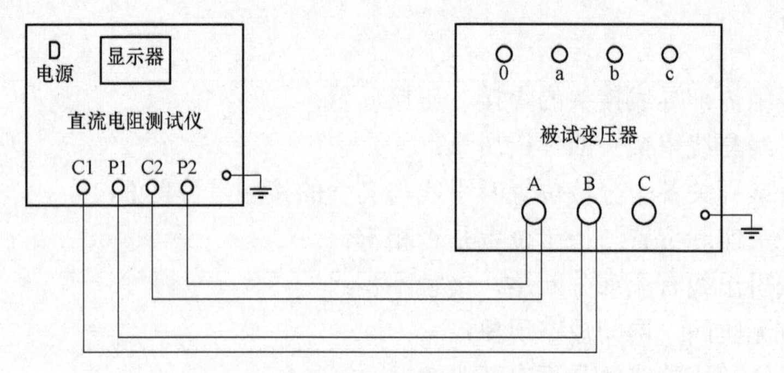

图 1－1　变压器高压绕组连同套管的直流电阻测量接线图

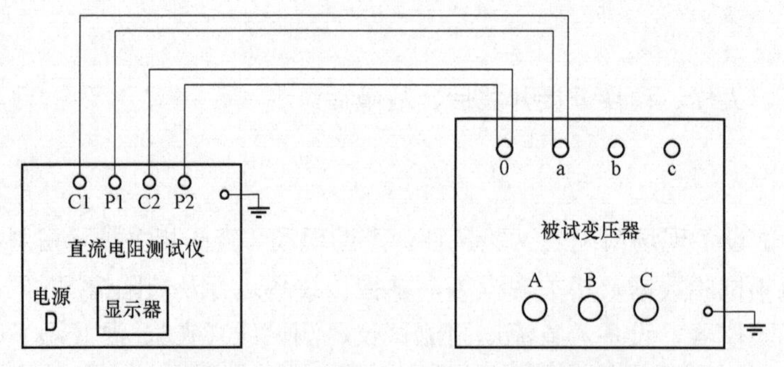

图 1－2　变压器低压绕组连同套管的直流电阻测量接线图

七、试验步骤

（1）拆除变压器高压套管引线。

（2）将导电杆表面擦干净、按照试验接线进行连接，检查无误后，开始试验。

（3）打开直流电阻测试仪，选择合适的测试电流和测量方法（单相测量、三相同测）进行测量，读取稳定后的直流电阻（三相同测时需同时记录三相不平衡率 δ）。

（4）切换分接开关，依次测量变压器各挡位绕组连同套管直流电阻，变更试验接线，分别测量高、中、低压侧绕组连同套管直流电阻。

（5）测量完毕后进行放电，恢复变压器套管引线，整理试验现场环境。

八、试验注意事项

（1）三相绕组的电阻均应测量。

（2）残余电荷的影响。若变压器在上一次试验后，放电时间不充分，变压器内积聚的电荷没有放净，仍积滞有一定的残余电荷，将对大型变压器的充电时间会有直接影响。

（3）温度对直流电阻影响很大，应准确记录被试绕组的温度。测量必须在绕组温度稳定的情况下进行。要求绕组与环境温度相差不超过 3℃。在温度稳定的情况下，一般可用变压器的上层油温作为绕组温度，测量时应做好记录。

（4）在对有载调压变压器进行测量时，在测量前应将有载分接开关从 $1 \to n$、$n \to 1$ 来回转动数次，以消除分接开关触头氧化或不清洁等因素的影响。

（5）变压器在注油时不宜测量绕组直流电阻。

九、试验结果分析及试验报告编写

（1）试验标准及要求。

1）1.6MVA 以上变压器，各相绕组电阻相互间的差别，不应大于三相平均值的 2%，无中性点引出的绕组，线间差别不应大于三相平均值的 1%；三相不平衡率较初始值变化量大于 0.5%应引起注意，大于 1%应查明处理。

2）1.6MVA 及以下变压器，相间差别一般不应大于三相平均值的 4%；线间差别一般不应大于三相平均值的 2%。

3）各相绕组电阻与以前相同部位、相同温度下的历次结果相比，其差别不应大于 2%，当超过 1%时应引起注意。

（2）试验结果分析。在现场进行直流电阻测量时影响试验结果的因素很多，如分接开关接触不良，测量时的温度、充电时间、测量接线、感应电压、套管中引线和导电杆接触不良等，都会造成三相直流电阻不平衡。

1）直流电阻线间差或相间差的百分数计算，可按式（1－1）进行

$$\Delta R_{X}=\frac{R_{max}-R_{min}}{R_{P}} \tag{1-1}$$

式中 ΔR_{X} ——直流电阻线间差或相间差的百分数，%；

R_{max} ——三线或三相直流电阻实测值的最大值，Ω；

R_{min} ——三线或三相直流电阻实测值的最小值，Ω；

R_{P} ——三线直流电阻（R_{AB}，R_{BC}，R_{CA}）或三相直流电阻（R_{A}，R_{B}，R_{C}）实测值的平均值，Ω；

对线电阻则有 $R_{P}=\dfrac{1}{3(R_{AB}+R_{BC}+R_{CA})}$；

对相电阻则有 $R_{P}=\dfrac{1}{3(R_{A}+R_{B}+R_{C})}$。

2）每次所测电阻值都必须换算到同一温度下，与以前（出厂或交接时）相同部位测得

值进行比较。绕组直流电阻温度换算可按式（1－2）进行计算

$$R_{t_2}=\frac{T+t_2}{T+t_1}R_{t_1} \tag{1-2}$$

式中 R_{t_2} ——换算到温度 t_2 时的绕组直流电阻，Ω；

R_{t_1} ——换算到温度 t_1 时的绕组直流电阻，Ω；

T ——温度换算系数，铜线为235，铝线为225。

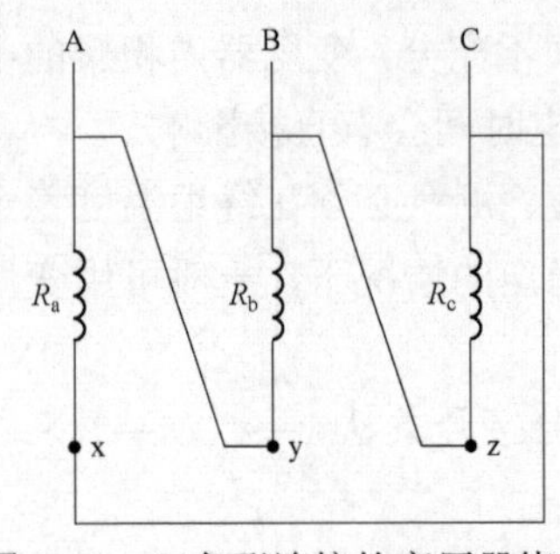

图1－3　三角形连接的变压器绕组

3）变压器三相绕组为三角形连接（见图1－3），当三相线电阻不平衡值超标准时，需将线电阻换算成相电阻，以便找出缺陷相。

对图1－3中的三角形连接的变压器绕组，将线电阻换算成相电阻的公式为

$$\begin{aligned}R_A&=(R_{CA}-R_g)-\frac{R_{AB}R_{BC}}{R_{CA}-R_g}\\R_B&=(R_{AB}-R_g)-\frac{R_{CA}R_{BC}}{R_{AB}-R_g}\\R_C&=(R_{BC}-R_g)-\frac{R_{CA}R_{AB}}{R_{BC}-R_g}\\R_g&=\frac{R_{AB}+R_{BC}+R_{CA}}{2}\end{aligned} \tag{1-3}$$

式中 R_A、R_B、R_C ——各相电阻，Ω；

R_{AB}、R_{BC}、R_{CA} ——线电阻，Ω；

R_g ——线电阻和的二分之一，Ω。

4）在对有载调变压器进行测量时，若遇测量结果不正确，要分别测量1→n、n→1所有分接位置的直流电阻，找出规律，判断是否是由有载开关内部的切换开关、选择开关、极性开关接触不良引起的，或者是某一挡的引线松动造成的。

5）变压器套管中导电杆和内部引线如果接触不良，造成接头发热现象，可以结合红外成像来分析其发热的部位。

6）对于三角形连接的变压器绕组，若其中一相断线，那么没有断线的两相线端电阻值为正常的1.5倍，而断开相线端电阻值为正常值的3倍。

在对变压器绕组直流电阻进行分析时，要进行“纵横”比较，就是与该设备的历史数据比较，与同型号、同容量变压器的相同测量部位比较，并结合油中色谱分析等来进行综合分析比较，找出故障原因。

（3）试验报告编写。编写报告时项目要齐全，包括试验人员、天气情况、环境温度、湿度、设备运行编号（双重编号）、设备参数、试验性质（交接、检查、例行、诊断）、试验结果、试验结论、试验仪器名称型号及出厂编号，备注栏应写明其他需要注意的内容，如是否拆除引线等。

模块2　配电变压器变比及接线组别试验

一、试验目的

（1）检验绕组匝数、引线及分接引线的连接、分接开关位置及各出线端子标志的正确性；

（2）检查分接开关位置及各出线端子标志与变压器铭牌相比是否正确；

（3）检查变压器绕组是否存在匝间短路、断路情况。

二、适用范围

交接、预试、大修、故障后。

三、试验准备

（1）了解被试设备现场情况及试验条件。查勘现场，查阅相关技术资料，包括该设备出厂试验数据、历年试验数据及相关规程等，掌握该设备运行及缺陷情况。

（2）准备试验仪器、设备。变比测试仪、测试线（夹）、温（湿）度计、接地线、放电棒、万用表、电源盘（带漏电保护器）、安全带、安全帽、电工常用工具、试验临时安全遮栏、标示牌等，并查阅试验仪器、设备及绝缘工器具的检定证书有效期、相关技术资料、相关规程等。

（3）办理工作票并做好试验现场安全和技术措施。工作负责人向试验人员交代工作内容、带电部位、现场安全措施，现场作业危险点，明确人员分工及试验程序。

四、试验仪器、设备的选择

变比测试仪，准确度不低于 0.5 级，且在有效测量范围。电压表的引线截面积不小于 $1.5mm^2$。

五、危险点分析与预控措施

（1）防止高处坠落。应使用变压器专用爬梯上下，在变压器上作业应系好安全带。

（2）防止高处落物伤人。高处作业应使用工具袋，上下传递物件应用绳索拴牢传递，严禁抛掷。

（3）防止工作人员触电。在测量过程中，拉、合开关的瞬间，注意不要用手触及绕组的端头，以防触电。严格执行操作顺序，在测量时要先接通测量回路，然后接通电源回路。读完数后，要先断开电源回路，然后断开测量回路，以避免反向感应电动势伤及试验人员，损坏试验仪器。

六、试验接线

变压器变比和接线组别试验接线图如图 1－4 所示。

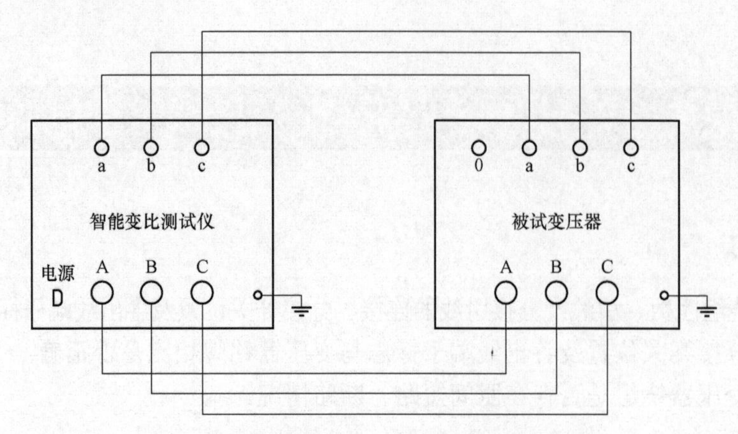

图 1－4　变压器变比和接线组别试验接线图

七、试验步骤

（1）关掉仪器的电源开关，将仪器的“A、B、C、a、b、c”端子分别与变压器的“A、B、C、a、b、c”端子相连，变压器的中性点不接仪器，不接大地。接好仪器地线。将电源线一端插进仪器面板上的电源插座，另一端与交流 220V 电源相连。（注意：切勿将变压器的高低压接反！）

（2）打开仪器的电源开关，稍后液晶屏上出现主菜单，根据屏上的显示设置额定变比、调压比等参数。如果变压器有挡位，这里设定的额定变比，通常是中间挡的额定变比。调压比的设置方法和额定变比的设置方法相同，如果有挡位，按实际值设定，反之，设定为 0%。

（3）参数输入完毕，启动仪器进行自动测试。通常变比测试仪既可进行单相测量，又可实现三相绕组的自动测量，单相、三相均可测量极性，一次完成测量 AB、BC、CA 三相的变比值、误差、分接位置、分接值等参数，可进行自动识别接线组别。

（4）测量结束，关闭试验电源后，对被试变压器高、低压侧分别进行放电。

（5）恢复被测变压器至试验前状态，整理试验现场环境。某变比测试仪显示结果示意图如图 1－5 所示。

八、试验注意事项

（1）接测试线前必须对变压器进行充分放电。

（2）试验电源应与使用仪器的工作电源相同。

（3）接测试线时必须知晓变压器的极性或接线组别。

（4）测量操作顺序必须按仪器的说明书进行，连接线要保持接触良好，仪器应良好接地。

（5）试验电源一般应施加在变压器高压侧，在低压侧进行测量。当变压器变比较大或容量较小时，可将试验电源加在变压器的低压侧，高压侧电压经互感器测量。互感器准确度不应低于 0.5 级。

（6）变压器需换挡测量时，必须停止测量，再进行切换。

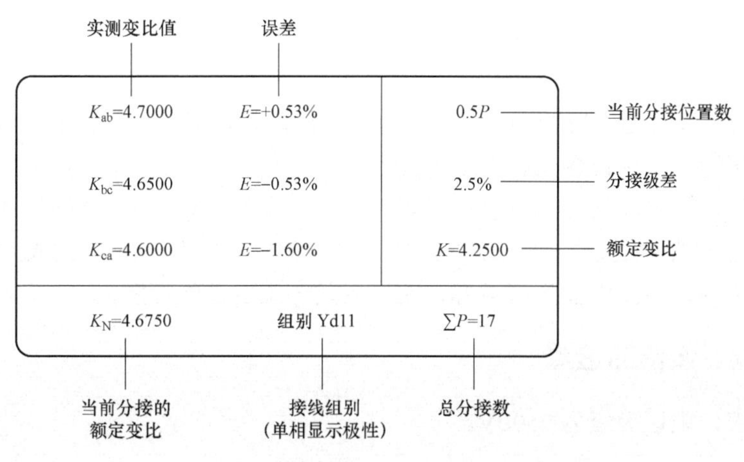

图 1-5　某变比测试仪显示结果示意图

九、试验结果分析及试验报告编写

（1）试验标准及要求。

1）各相应分接头的变比与铭牌值相比，不应有显著差别，且应符合规律。

2）电压 35kV 以下，变比小于 3 的变压器，其变比允许偏差为±1%；其他所有变压器额定分接头变比允许偏为±0.5%，其他分接头的变比应在变压器阻抗电压百分值的 1/10 以内，但不得超过±1%。

3）检查变压器的三相接线组别和单相变压器引出线的极性，必须与设计要求及铭牌上的标记和外壳上的符号相符。

（2）试验结果分析。对照标准检查测量结果，不符合标准要求即为不合格。

（3）试验报告编写。编写报告时项目要齐全，包括试验人员、天气情况、环境温度、湿度、设备运行编号（双重编号）、设备参数、试验性质（交接、检查、例行、诊断）、试验结果、试验结论、试验仪器名称型号及出厂编号，备注栏应写明其他需要注意的内容，如是否拆除引线等。

模块 3　配电变压器铁芯及夹件的绝缘电阻试验

一、试验目的

（1）检查铁芯是否多点接地；

（2）检查夹件对地绝缘是否良好。

二、适用范围

交接、预试、大修、故障后。

三、试验准备

（1）了解被试设备的情况及现场试验条件。查勘现场，查阅相关技术资料，包括历年试验数据及相关规程，掌握设备运行及缺陷情况。

（2）准备试验仪器、设备。绝缘电阻表、安全带、安全帽、安全围栏、标示牌等。

（3）办理工作票并做好试验现场安全和技术措施。工作负责人向试验人员交代工作内容、现场安全措施、现场作业危险点等，明确人员分工及试验程序。

四、试验仪器、设备的选择

绝缘电阻表，电压等级为 2500V。

五、危险点分析与预控措施

（1）防止高处坠落。应使用变压器专用爬梯上下，在变压器上作业应系好安全带。

（2）防止高处落物伤人。高处作业应使用工具袋，上下传递物件应用绳索拴牢传递，严禁抛掷。

（3）防止工作人员触电。试验人员不得触碰导体，并保持与带电部位有足够的安全距离。试验前后均对试品充分放电。

六、试验接线

变压器铁芯及夹件的绝缘电阻测量接线图如图 1－6 所示。

七、试验步骤

（1）拆开铁芯引出小套管的接地线，夹件引出线仍可靠接地。

（2）将变压器各绕组短路接地。

（3）将绝缘电阻表“L”端接铁芯套管接线柱，“G”端接屏蔽端，“E”端接变压器外壳，进行测量，时间不小于 60s。

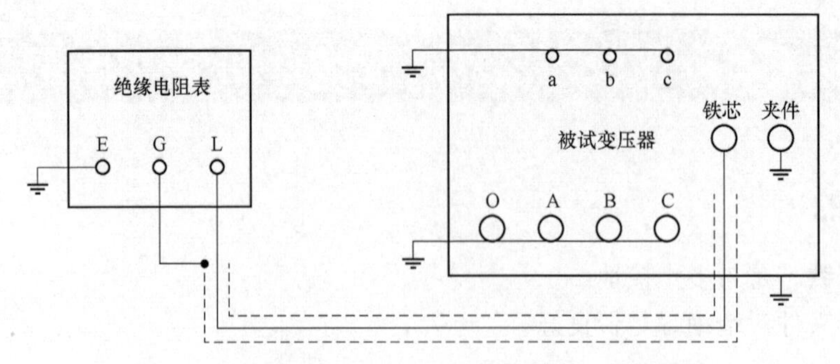

图 1－6　变压器铁芯及夹件的绝缘电阻测量接线图

（4）读取变压器铁芯对地绝缘电阻值后，断开绝缘电阻表“L”端与铁芯套管接线柱的连接，对铁芯套管接线柱放电、接地。

（5）用同样方法测量变压器夹件的绝缘电阻。

（6）恢复被测变压器至试验前状态，整理试验现场环境。

八、试验注意事项

（1）每次试验应选用相同电压、相同型号的绝缘电阻表。

（2）非被测部位短路接地要良好。不要接到变压器有油漆的地方，以免影响试验结果。

（3）测量应在天气良好的情况下进行，且空气相对湿度不高于 80%。如遇天气潮湿、套管表面脏污，则需要进行“屏蔽”测量。测量常用屏蔽接线方式。

（4）由于残余电荷会直接影响绝缘电阻及吸收比的数值，故变压器接地放电时间至少 5min 以上。

（5）变压器测量的外部条件（一次引线）应与前次条件相同，最好能将变压器一次引线解脱进行测量。

（6）禁止在有雷电或邻近高压设备时使用绝缘电阻表，以免发生危险。

（7）在测量变压器铁芯绝缘电阻，拆开铁芯引出小套管的接地线时，要注意不能使小套管漏油或渗油。另外，有些变压器铁芯引出后经小套管、胶木绝缘子绝缘不良而带来测量误差。对铁芯没有接地引出线的变压器进行例行试验时不进行此项试验。

九、试验结果分析及试验报告编写

（1）试验标准及要求。测量变压器铁芯、夹件绝缘电阻时，应与以前试验结果相比无显著差别，试验时选用 2500V 绝缘电阻表，持续测量 1min，绝缘电阻值应大于 1000MΩ。

（2）试验结果分析。变压器铁芯、夹件绝缘电阻大于 1000MΩ 时，表明铁芯或夹件绝缘良好。若绝缘电阻阻值与历史值比较明显减小或小于绝缘电阻表量程时，则可以用万用表测量电阻，若可以用万用表测量出电阻值，则表明该变压器存在多点接地故障。

（3）试验报告编写。编写报告时项目要齐全，包括试验人员、天气情况、环境温度、湿度、设备运行编号（双重编号）、设备参数、试验性质（交接、检查、例行、诊断）、试验结果、试验结论、试验仪器名称型号及出厂编号，备注栏应写明其他需要注意的内容，如是否拆除引线等。

模块 4　变压器绕组绝缘电阻和吸收比试验

一、试验目的

检查变压器绝缘整体受潮、部件表面受潮或脏污以及贯穿性的集中性缺陷。

二、适用范围

交接、预试、大修、故障后。

三、试验准备

（1）了解被试设备现场情况及试验条件。查勘现场，查阅相关技术资料，包括该设备出厂试验数据、历年试验数据及相关规程等，掌握该设备运行及缺陷情况。

（2）准备试验仪器、设备。绝缘电阻测试仪、测试线（夹）、温（湿）度计、接地线、放电棒、安全带、安全帽、电工常用工具、试验临时安全遮栏、标示牌等，并查阅试验仪器、设备及绝缘工器具的检定证书有效期、相关技术资料、相关规程等。

四、试验仪器、设备的选择

2500V/2500MΩ 绝缘电阻表。

五、危险点分析与预控措施

（1）防止高处坠落。应使用变压器专用爬梯上下，在变压器上作业应系好安全带。

（2）防止高处落物伤人。高处作业应使用工具袋，上下传递物件应用绳索拴牢传递，严禁抛掷。

（3）防止工作人员触电。拆、接试验接线，应将被试设备对地充分放电，以防止剩余电荷、感应电压伤人及影响测量结果。试验接线正确、牢固，试验人员精力集中。试验人员之间应分工明确，测量时应加强配合，测量过程中要高声呼唱。

六、试验接线

变压器低压对高压及地、高压对低压及地的绝缘电阻试验接线图如图 1－7 和图 1－8 所示。

七、试验步骤

（1）断开变压器套管的所有连线。

（2）按图 1－7 接线。将绝缘电阻表“L”端接在短接的低压绕组上，“G”端接屏蔽端（若无屏蔽线，“G”端子应悬空），“E”端接变压器外壳，进行测量。

（3）读取 15s、60s、10min 时的绝缘电阻值，并做好记录。

（4）断开绝缘电阻表“L”端与低压绕组的连接，对低压绕组放电、接地。

（5）吸收比、极化指数测量。将分别在 15s、60s、10min 时读取的绝缘电阻值 R_{15s}、R_{60s}、R_{10min} 用式（1－4）计算吸收比、极化指数为

$$\text{吸收比}=\frac{R_{60s}}{R_{15s}}$$
$$\text{极化指数}=\frac{R_{10min}}{R_{60s}} \tag{1-4}$$

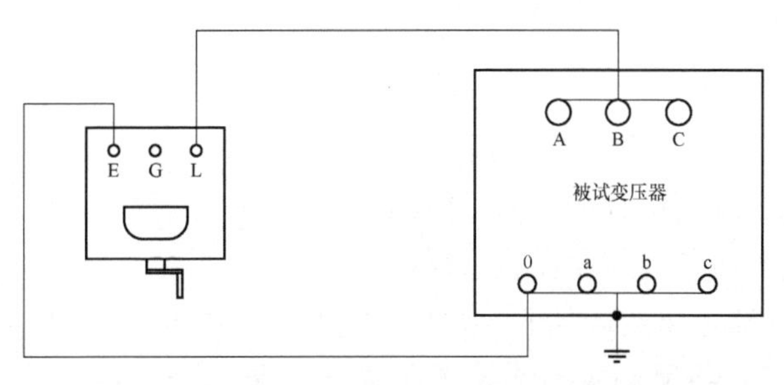

图 1－7　变压器低压对高压及地的绝缘电阻试验接线图

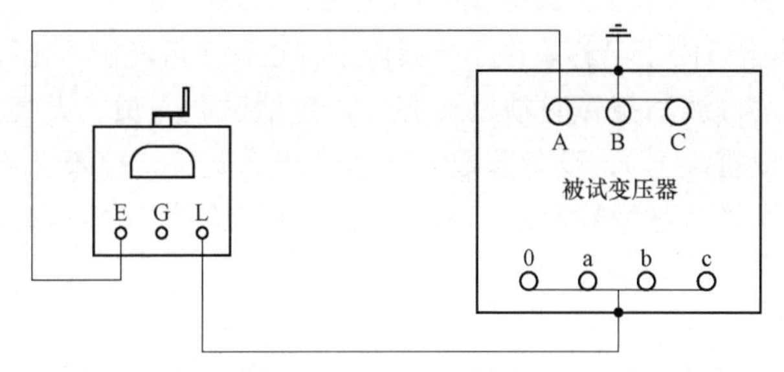

图 1－8　变压器高压对低压及地的绝缘电阻试验接线图

若使用数字式绝缘电阻表，通常会在测量满 60s 时自动显示吸收比的计算结果，满 10min 时自动显示极化指数的计算结果。

（6）按图 1－8 接线。用同样方法测量变压器高压绕组的绝缘电阻、吸收比或极化指数。

（7）恢复被测变压器至试验前状态，整理试验现场环境。

八、试验注意事项

（1）每次试验应选用相同电压、相同型号的绝缘电阻测试仪。

（2）非被测部位短路接地要良好、不要接到变压器有油漆的地方，以免影响试验结果。

（3）测量应在天气良好的情况下进行，且空气相对湿度不高于 80%。若遇天气潮湿，套管表面脏污，则需使用屏蔽线连接后进行测量。

（4）由于残余电荷会直接影响绝缘电阻及吸收比的数值，导致较大测量误差，故测量前或测量后变压器接地放电时间均应至少在 2min 以上。

（5）变压器测量的外部条件（指一次引线）应与前次条件相同，最好能将变压器一次引线解脱进行测量。

（6）禁止在有雷电或临近高压设备时使用绝缘电阻测试仪，以免发生危险。

（7）对于新投入或大修后的变压器，应充满合格油并静止 5h 以上，待气泡消除后方可进行试验。

九、试验结果分析及试验报告编写

（1）试验标准及要求。

1）绝缘电阻换算至同一温度下，与出厂试验值或前一次试验结果相比，绝缘电阻值不

低于 70%，其换算公式为

$$R_2=R_1\times1.5^{\frac{t_1-t_2}{10}} \tag{1-5}$$

式中　R_1——温度为t_1时的绝缘电阻值，MΩ；

　　　R_2——温度为t_2时的绝缘电阻值，MΩ。

2）测量温度以变压器上层油温为准，尽量在油温低于 50℃时测量，使每次测量温度尽量相同。

（2）试验结果分析。将所测量的结果结合温湿度情况，与被试品历史数据或同类型设备的测量数据相比，结合规程标准及其他试验结果进行综合判断。

10kV 小容量变压器，由于电容量很小，极化过程很快，可能测不出吸收比或吸收比很小。

（3）试验报告编写。编写报告时项目要齐全，包括试验人员、天气情况、环境温度、湿度、设备运行编号（双重编号）、设备参数、试验性质（交接、检查、例行、诊断）、试验结果、试验结论、试验仪器名称型号及出厂编号，备注栏应写明其他需要注意的内容，如是否拆除引线等。

模块 5　配电变压器绕组交流耐压试验

一、试验目的

（1）验证被试绕组连同套管对地及其他绕组的耐电强度；

（2）在运输过程中是否引起绕组松动、引线距离不够；

（3）油中是否有杂质、气泡；

（4）绕组主绝缘是否受潮、开裂，或附着有脏污等缺陷。

二、适用范围

交接、大修、更换绕组后及必要时。

三、试验准备

（1）了解被试设备现场情况及试验条件。查勘现场，查阅相关技术资料，包括该设备历年试验数据及相关规程等，掌握该设备运行及缺陷情况。

（2）准备试验仪器、设备。工频试验变压器、高压试验控制箱、保护球隙、保护电阻器、分压器、电压表、绝缘电阻表、测试线（夹）、温（湿）度计、接地线、放电棒、电源盘（带漏电保护器）、安全带、安全帽、梯子、电工常用工具、试验临时安全遮栏、标示牌等，并查阅试验仪器、设备及绝缘工器具的检定证书有效期、相关技术资料、相关规程等。

（3）办理工作票并做好试验现场安全和技术措施。工作负责人向试验人员交代工作内容、带电部位、现场安全措施、现场作业危险点等，明确人员分工及试验程序。

四、试验仪器、设备的选择

工频试验变压器。

五、危险点分析与预控措施

（1）防止高处坠落。应使用变压器专用爬梯上下，在变压器上作业应系好安全带。

（2）防止高处落物伤人。高处作业应使用工具袋，上下传递物件应用绳索拴牢传递，严禁抛掷。

（3）防止工作人员触电。拆、接试验接线前，应将被试设备对地充分放电。加压前应与检修负责人协调，不允许有交叉作业。工作人员应与带电部位保持足够的安全距离。试验仪器的金属外壳应可靠接地，仪器操作人员必须站在绝缘垫上。

六、试验接线

变压器高、低压绕组连同套管交流耐压试验接线图如图 1－9 和图 1－10 所示。

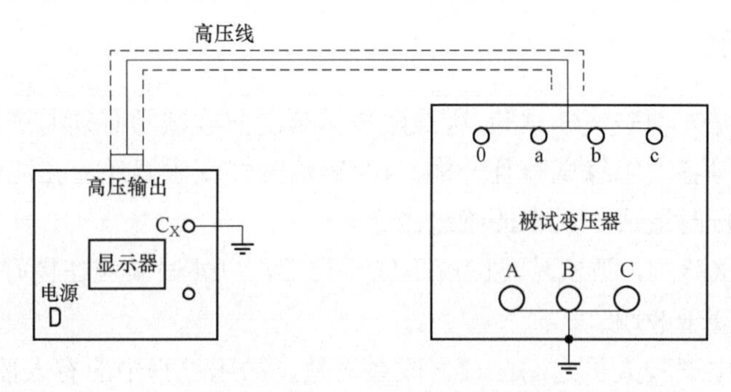

图 1－9　变压器高压绕组连同套管交流耐压试验接线图

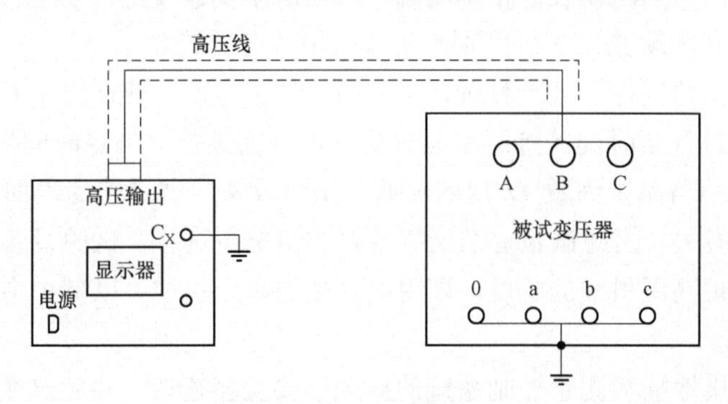

图 1－10　变压器低压绕组连同套管交流耐压试验接线图

七、试验步骤

（1）将变压器各绕组接地放电，对大容量变压器应充分放电（5min）。放电时应用绝缘棒等工具进行，不得用手碰触放电导线。拆除或断开变压器对外的一切连线。

（2）进行接线，检查试验接线正确无误、调压器在零位。被试变压器外壳和非加压绕组应可靠接地，瓦斯保护应投入，试验回路中过电流和过电压保护应整定正确、可靠。油浸变压器的套管、升高座、入孔等部位均应充分排气，避免器身内残存气泡的击穿放电。变压器本体所有电流互感器二次短路接地。

（3）合上试验电源，不接试品升压，将球隙的放电电压整定在 1.2 倍额定试验电压所对应的放电距离。

（4）断开试验电源，降低电压为零，将高压引线接上试品，接通电源，开始升压进行试验。

（5）升压必须从零（或接近于零）开始，切不可冲击合闸。升压速度在 75%试验电压以前，可以是任意的，自 75%电压开始应均匀升压，约为每秒 2%试验电压的速率升压。升压过程中应密切监视高压回路和仪表指示，监听被试品有何异响。升至试验电压，开始计时并读取试验电压。时间到后，电压迅速均匀下降到零（或 1/3 试验电压以下），然后切断电源，放电、挂接地线。试验中如无破坏性放电发生，则认为通过耐压试验。

（6）测量绝缘电阻，其值应正常（一般绝缘电阻下降不大于 30%）。

八、试验注意事项

（1）交流耐压是一项破坏性试验，因此耐压试验之前被试品必须通过绝缘电阻、吸收比、绝缘油色谱、tanδ 等各项绝缘试验且合格。10kV 油浸式变压器还应在注油后静置 24h 后方能加压，以避免耐压时造成不应有的绝缘击穿。

（2）进行耐压试验时，被试品温度应不低于+5℃，户外试验应在良好的天气进行，且空气相对湿度一般不高于 80%。

（3）试验过程中试验人员之间应口号联系清楚，加压过程中应有人监护并呼唱。

（4）加压期间应密切注视表计指示动态，防止谐振现象发生；应注意观察、监听被试变压器保护球隙的声音和现象，分析区别电晕或放电等有关迹象。

（5）有时耐压试验进行了数十秒钟，中途因故失去电源，使试验中断，在查明原因、恢复电源后，应重新进行全时间的持续耐压试验，不可仅进行“补足时间”的试验。

（6）谐振试验回路品质因数 Q 值的高低与试验设备、试品绝缘表面干燥清洁及高压引线直径大小、长短有关，因此试验宜在天气晴好的情况下进行。试验设备、试品绝缘表面应干燥清洁。尽量缩短高压引线的长度，采用大直径的高压引线，以减小电晕损耗，提高试验回路品质因数 Q 值。

（7）变压器的接地端和测量控制系统的接地端要互相连接，并应自成回路，应采用一点接地方式，即仅有一点和接地网的接地端子相连。

九、试验结果分析及试验报告编写

（1）试验标准及要求。

1）变压器预防性试验时，油浸式变压器试验电压值按照表 1－1（定期试验按部分更换绕组电压值）。干式变压器全部更换绕组时，按照出厂试验电压值；部分更换绕组和定期试验时，按出厂试验电压值的 0.85 倍。

2）变压器交接试验时，试验电压值按照表 1－2 的规定。

表 1－1　　电力变压器预防性试验电压值

额定电压（kV）	最高工作电压（kV）	线端交流试验电压值（kV）		中性点交流试验电压值（kV）	
		全部更换绕组	部分更换绕组	全部更换绕组	部分更换绕组
<1	<1	3	2.5	3	2.5
3	3.5	18	15	18	15
6	6.9	25	21	25	21
10	11.5	35	30	35	30

表 1－2　　电力变压器交接试验电压标准

系统标称电压（kV）	设备最高电压（kV）	交流耐受电压（kV）	
		油浸式电力变压器	干式电力变压器
≤1	≤1.1	—	2.5
3	3.6	14	8.5
6	7.2	20	17
10	12	28	24

（2）试验结果分析。变压器交流耐压试验后应结合其他试验，如变压器耐压前后的绝缘电阻测量、局部放电测量、空载特性的试验、绝缘油的色谱分析等试验结果，进行综合判断，以确定被试品是否通过试验。

试验时主要是根据监视仪表指示和听声音，并辅以试验经验来判断。一般根据以下情况对故障性质进行判断。

1）在进行外施交流耐压试验中，仪表指示不跳动，被试变压器无放电声音，这说明耐压试验合格。当电流表指示突然上升，同时被试变压器有放电声，有时还伴随着球隙放电时，很明显证明变压器耐压试验不合格。

2）当被试变压器击穿时，试验中电流表的变化是由试验变压器的电抗和被试变压器的容抗比值决定的。当容抗与感抗之比等于 2 时，虽然变压器击穿，但电流表的指示没有变化；当比值大于 2 时击穿，电流必然上升；当比值小于 2 时击穿则电流下降，此情况一般在被试变压器容量很大或试验变压器容量不够时，有可能出现。

3）在外施耐压试验中的升压阶段或持续阶段，被试变压器若发出很清脆的“铛……铛”声，很像金属东西碰击油箱的放电声音，且电流表突然变化，则这种声音的放电往往是引线距离不够或者油中的间隙放电所造成的。当重复试验时，放电电压下降不明显。这种故障放电部位比较好找，故障也容易排除。

4）放电声音很清脆，但比前一种声音小，仪表摆动不大，重复试验时放电现象消失，这种现象是变压器内部气泡放电。为了消除和减少油中的气泡，变压器应注油后静放时间应不小于 24h。

5）放电声音如果是“哧……”“吱……”，或者很沉闷的响声，电流表指示立即增大，这往往是固体绝缘内部放电。当重复试验时，放电电压明显下降。这种放电部位寻找困难，有时需借助超声定位来判断故障部位，或进行解体检直。

6）在加压过程中，变压器内部有如炒豆般的响声，电流表的指示也很稳定，这是悬浮金属放电的声音，如夹件接地不良或变压器内部有金属异物以及铁芯悬浮等，都有可能产生这种放电声音。

（3）试验报告编写。编写报告时项目要齐全，包括试验时间、试验人员、天气情况、环境温度、湿度、设备运行编号（双重编号）、使用地点、设备参数、试验性质（交接、预试、检查、例行、诊断）、试验结果、试验结论、试验仪器名称型号及出厂编号，备注栏应写明其他需要注意的内容，如是否拆除引线等。

模块6　配电变压器绝缘油耐压试验

一、试验目的

（1）检查绝缘油被水分和其他悬浮物质物理污染的程度；

（2）检查绝缘油是否符合运行要求。

二、适用范围

交接、预试、大修及必要时。

三、试验准备

（1）了解被试设备现场情况及试验条件。查勘现场，查阅相关技术资料，包括该设备历年试验数据等，掌握该设备运行及缺陷情况。

（2）准备试验仪器、设备。调压器、工频试验变压器、绝缘油耐压测试仪、温（湿）度计、接地线、试验临时安全遮栏等。

（3）办理工作票并做好试验现场安全和技术措施。工作负责人向试验人员交代工作内容、带电部位、现场安全措施、现场作业危险点等，明确人员分工及试验程序。

四、试验仪器、设备的选择

绝缘油耐压测试仪。

五、危险点分析与预控措施

工作人员应与带电部位保持足够的安全距离。试验仪器的金属外壳应可靠接地，试验结束后先断开高压电源，然后断开试验电源。

六、试验接线

绝缘油耐压试验接线图如图 1－11 所示。绝缘油耐压试验仪外形图如图 1－12 所示。

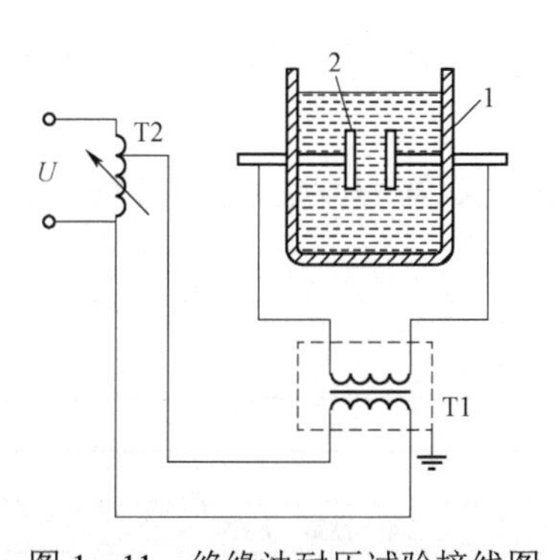

图 1－11　绝缘油耐压试验接线图
1—油杯；2—电极；T1—试验变压器；T2—工频试验变压器

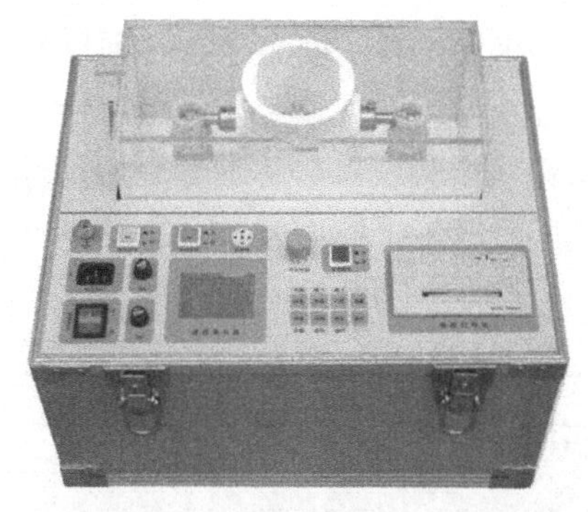

图 1－12　绝缘油耐压试验仪外形图

七、试验步骤

（1）清洁油杯。

（2）调整电极间隙。

（3）将试品油徐徐倒入油杯。

（4）将盛有试品油的油杯置于油杯支架上。

（5）按相应功能键进行设置。

（6）确认无误后，按“运行”键开始试验。

绝缘油耐压试验仪具有自动测量、自动搅拌、自动处理、自动打印等功能，设置完后确认运行，测试仪将按用户设定方式自动操作试验，试验完毕后自动打印试验结果及平均值。

八、试验注意事项

（1）测量应在环境温度 15～35℃、湿度不高于 75%的条件下进行。

（2）严格按照绝缘油耐压试验仪使用说明书进行试验。

（3）试验前，应将试验仪的金属外壳可靠接地。

（4）清洁油杯应采用汽油、苯或四氯化碳和绸布，把油杯清洗、擦净并晾干。不得使用棉纱冲洗油杯。

（5）调整电极间隙前应先检查电极，若有烧伤痕迹不可再用。用标准规校准电极间距离为 2.5±0.1mm。

（6）将试品油倒入油杯时，应使试品油沿杯壁徐徐流下，以减少气泡。试品油液面应高于电极 10mm 以上。

九、试验结果分析及试验报告编写

（1）试验标准及要求。

1）投运前，击穿电压≥35kV。

2）运行中，击穿电压≥25kV。

（2）试验结果分析。满足试验标准为合格，否则为不合格。

（3）试验报告编写。编写报告时项目要齐全，包括试验人员、天气情况、环境温度、湿度、设备运行编号（双重编号）、设备参数、试验性质（交接、检查、例行、诊断）、试验结果、试验结论、试验仪器名称型号及出厂编号，备注栏应写明其他需要注意的内容。

配电变压器试验报告见表1－3。

表1－3　　　　　　　　　　　配电变压器试验报告

<table>
<tr><td colspan="5">设备名称：</td></tr>
<tr><td colspan="5">1. 设备主要参数</td></tr>
<tr><td>型号</td><td colspan="2"></td><td>额定容量（kVA）</td><td></td></tr>
<tr><td>空载损耗（kW）</td><td colspan="2"></td><td>空载电流（A）</td><td></td></tr>
<tr><td>负载损耗（kW）</td><td colspan="2"></td><td>阻抗电压</td><td></td></tr>
<tr><td>编号</td><td colspan="2"></td><td rowspan="2">制造厂家</td><td rowspan="2"></td></tr>
<tr><td>出厂日期</td><td colspan="2"></td></tr>
<tr><td colspan="5">2. 直流电阻试验</td></tr>
<tr><td>高压侧Ⅰ档位</td><td></td><td>低压侧</td><td colspan="2"></td></tr>
<tr><td>高压侧Ⅱ档位</td><td></td><td rowspan="2">试验环境</td><td colspan="2" rowspan="2">环境温度：　℃，湿度：　%</td></tr>
<tr><td>高压侧Ⅲ档位</td><td></td></tr>
<tr><td>试验设备</td><td colspan="4">名称、规格、编号</td></tr>
<tr><td colspan="3">试验单位及人员：</td><td colspan="2">试验日期：</td></tr>
<tr><td colspan="5">3. 变比及接线组别试验</td></tr>
<tr><td>高压侧Ⅰ档位</td><td></td><td>高压侧Ⅱ档位</td><td colspan="2"></td></tr>
<tr><td>高压侧Ⅲ档位</td><td></td><td>接线组别</td><td colspan="2"></td></tr>
<tr><td>试验设备</td><td colspan="4">名称、规格、编号</td></tr>
<tr><td colspan="3">试验单位及人员：</td><td colspan="2">试验日期：</td></tr>
<tr><td colspan="5">4. 绕组绝缘电阻</td></tr>
<tr><td rowspan="2">耐压试验前</td><td>高压侧对低压侧及地</td><td></td><td rowspan="2">耐压时间</td><td></td></tr>
<tr><td>低压侧对高压侧及地</td><td></td><td></td></tr>
<tr><td rowspan="2">耐压试验后</td><td>高压侧对低压侧及地</td><td></td><td rowspan="2">耐压时间</td><td></td></tr>
<tr><td>低压侧对高压侧及地</td><td></td><td></td></tr>
<tr><td>试验环境</td><td colspan="4">环境温度：　℃，湿度：　%</td></tr>
<tr><td>试验设备</td><td colspan="4">名称、规格、编号</td></tr>
<tr><td colspan="3">试验单位及人员：</td><td colspan="2">试验日期：</td></tr>
<tr><td colspan="5">5. 交流耐压试验</td></tr>
<tr><td>高压侧对低压侧及地</td><td colspan="2"></td><td colspan="2"></td></tr>
<tr><td>低压侧对高压侧及地</td><td colspan="2"></td><td colspan="2"></td></tr>
<tr><td>试验环境</td><td colspan="4">环境温度：　℃，湿度：　%</td></tr>
<tr><td>试验设备</td><td colspan="4">名称、规格、编号</td></tr>
<tr><td colspan="3">试验单位及人员：</td><td colspan="2">试验日期：</td></tr>
<tr><td colspan="5">6. 绝缘油耐压试验</td></tr>
<tr><td>击穿电压平均值</td><td colspan="4"></td></tr>
<tr><td>试验设备</td><td colspan="4">名称、规格、编号</td></tr>
<tr><td colspan="3">试验单位及人员：</td><td colspan="2">试验日期：</td></tr>
<tr><td colspan="5">7. 配电变压器试验总结论</td></tr>
<tr><td colspan="5">总结论：</td></tr>
<tr><td colspan="3">审核单位及人员：</td><td colspan="2">试验日期：</td></tr>
</table>

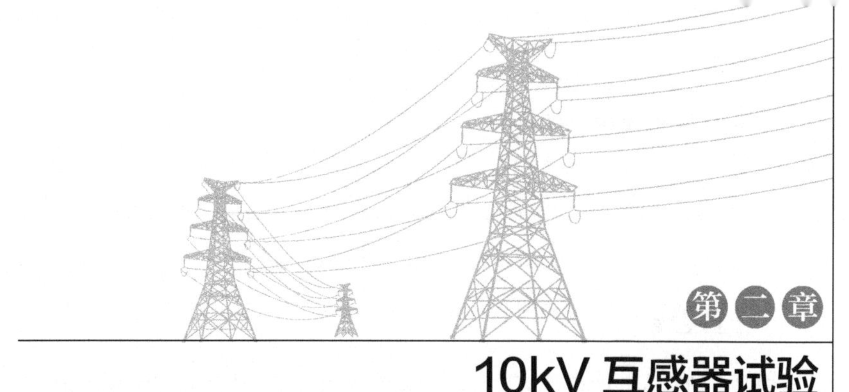

10kV 互感器试验

模块 1　互感器绝缘电阻试验

一、试验目的

（1）检查互感器是否存在绝缘整体受潮、脏污、贯穿性缺陷；

（2）检查互感器是否存在绝缘击穿和严重过热老化等缺陷。

二、适用范围

交接、预试、例行、诊断性试验。

三、试验准备

（1）了解被试设备现场情况及试验条件。查勘现场，查阅相关技术资料，包括该设备出厂试验数据、历年试验数据及相关规程等，掌握该设备运行及缺陷情况。

（2）准备试验仪器、设备。绝缘电阻表、测试线（夹）、温（湿）度计、接地线、放电棒、万用表、电源盘（带漏电保护器）、安全带、安全帽、电工常用工具、试验临时安全遮栏、标示牌等，并查阅试验仪器、设备及绝缘工器具的检定证书有效期。

（3）办理工作票并做好试验现场安全和技术措施。工作负责人向试验人员交代工作内容、带电部位、现场安全措施、现场作业危险点，明确人员分工及试验程序。

四、试验仪器、设备的选择

绝缘电阻表，电压等级为2500V。

五、危险点分析与预控措施

（1）防止高处坠落。试验人员在拆、接互感器一次引线时，必须系好安全带。测量互感器一次绕组的绝缘电阻时，应尽量使用绝缘杆。使用梯子时，必须有人扶持或绑牢。

（2）防止高处落物伤人。高处作业应使用工具袋，上下传递物件应使用绳索拴牢传递，严禁抛掷。

（3）防止工作人员触电。拆、接试验接线前，应将被试互感器对地充分放电，以防止剩余电荷、感应电压伤人及影响测量结果。

（4）防止试验仪器损坏。防止方向感应电动势损坏测试仪。对无载调压变压器测量时，若需要切换分接挡位，必须停止测量，待测试仪提示“放电”完毕后，方可切换分接开关。在测量过程中，不能随意切断电源及更换接在被试品两端的测量连接线。

六、试验接线

电压互感器一次绕组绝缘电阻测量接线图如图 2－1 所示。电压互感器二次绕组绝缘电阻测量接线图如图 2－2 所示。电流互感器一次绕组对二次绕组及一次绕组对外壳的绝缘电阻测量接线图如图 2－3 所示。电流互感器各二次绕组间及其对外壳的绝缘电阻测量接线图如图 2－4 所示。

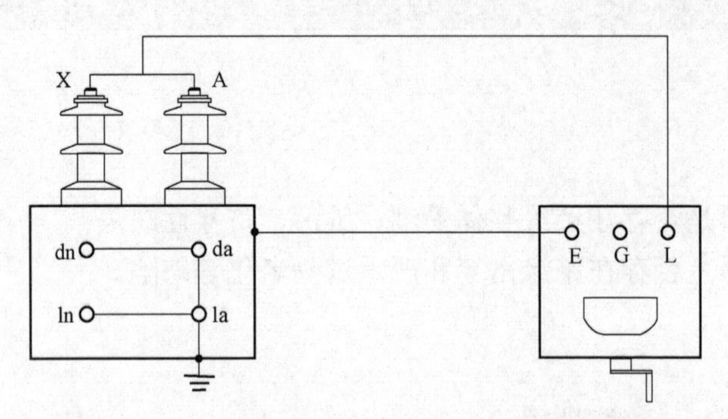

图 2－1　电压互感器一次绕组绝缘电阻测量接线图

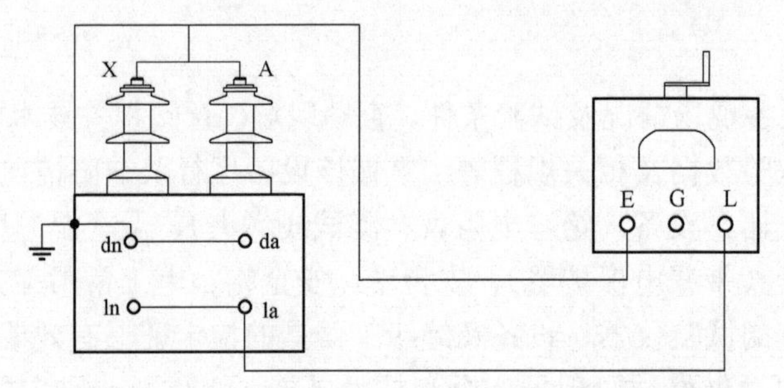

图 2－2　电压互感器二次绕组绝缘电阻测量接线图

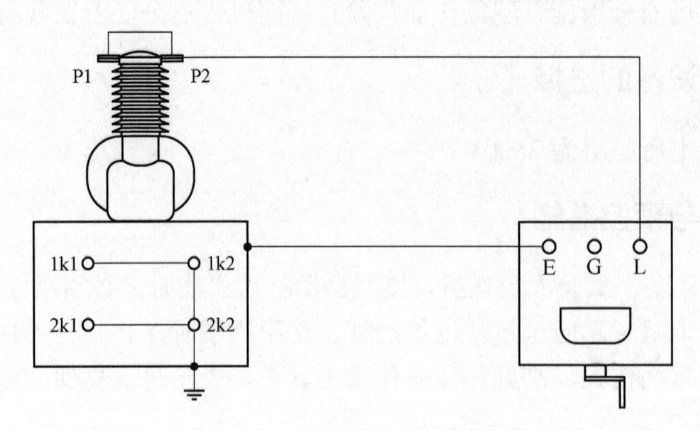

图 2－3　电流互感器一次绕组对二次绕组及一次绕组对外壳的绝缘电阻测量接线图

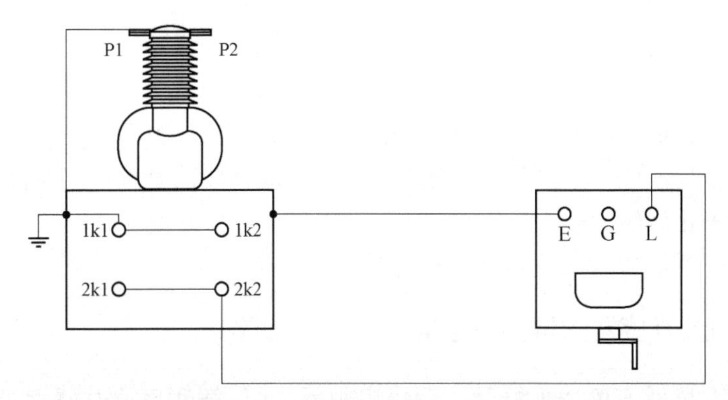

图 2-4　电流互感器各二次绕组间及其对外壳的绝缘电阻测量接线图

七、试验步骤

将被试品各绕组接地放电，放电时应用绝缘工具进行，不得用手碰触放电导线，并检查绝缘电阻表是否正常，然后根据被试品的试验项目分别进行接线和测量。测量完毕后进行放电，恢复设备接线，整理试验现场环境，并确保现场无遗留物。

（一）测量电压互感器一次绕组的绝缘电阻

（1）将电压互感器一次绕组末端（即“X”端）与地解开，并与“A”短接。

（2）绝缘电阻表“L”端接电压互感器一次绕组首端（即“A”端），“E”端接地，电压互感器二次绕组短路接地。

（3）接线经检查无误后，驱动绝缘电阻表达额定转速，将“L”端测试线搭上电压互感器一次绕组“A”端或“X”端，读取 60s 绝缘电阻值，并做好记录。

（4）完成测量后，应先断开绝缘电阻表“L”端接至电压互感器一次绕组的连接线，再将绝缘电阻表停止运转。

（5）对电压互感器一次绕组放电接地。

（二）测量电压互感器二次绕组的绝缘电阻

（1）将电压互感器一次绕组短路接地，二次绕组分别短路。

（2）绝缘电阻表“L”端接测量绕组，“E”端接地，非测量绕组接地。

（3）检查接线无误后，驱动绝缘电阻表达额定转速，将绝缘电阻表“L”端连接线搭接测量绕组，读取 60s 绝缘电阻值，并做好记录。

（4）完成测量后，应先断开绝缘电阻表“L”端接至测量绕组的连接线，再将绝缘电阻表停止运转。

（5）对电压互感器所测二次绕组进行短接放电并接地。

（6）电压互感器二次绕组有若干组，对每组都要分别进行测量，直至所有二次绕组测量完毕。

（三）测量电流互感器一次绕组的绝缘电阻

（1）将电流互感器一次绕组端 P1、P2 短接后接至绝缘电阻表“L”端，绝缘电阻表“E”

端接地，电流互感器的二次绕组及末屏短路接地。

（2）接线经检查无误后，驱动绝缘电阻表达额定转速，将“L”端测试线搭上电流互感器高压测试部位，读取 60s 绝缘电阻值，并做好记录。

（3）完成测量后，应先断开绝缘电阻表“L”端接至被试电流互感器高压端的连接线，再将绝缘电阻表停止运转。

（4）对电流互感器测试部位短接放电并接地。

（四）测量电流互感器末屏绝缘电阻

（1）将电流互感器末屏接地解开，绝缘电阻表“L”端接电流互感器“末屏端”，“E”端接地。

（2）接线经检查无误后，驱动绝缘电阻表达额定转速，将“L”端测试线搭上电流互感器“末屏端”，读取 60s 绝缘电阻值，并做好记录。

（3）完成测量后，应先断开绝缘电阻表“L”端接至电流互感器“末屏端”的连接线，再将绝缘电阻表停止运转。

（4）对电流互感器“末屏端”测试部位短接放电并恢复接地。

（五）测量电流互感器二次绕组对地及之间的绝缘电阻

（1）将电流互感器二次绕组分别短路，绝缘电阻表“L”端接测量绕组，“E”端接地，非测量绕组接地。

（2）检查无误后，驱动绝缘电阻表达额定转速，将绝缘电阻表“L”端连接线搭接测量绕组，读取 60s 绝缘电阻值，并做好记录。

（3）完成测量后，应先断开绝缘电阻表“L”端至测量绕组的连接线，再将绝缘电阻表停止运转。

（4）对所测二次绕组进行短接放电并接地。

（5）电流互感器二次绕组有若干组，对每组都要分别进行测量，直至所有绕组测量完毕。

（六）测量电流互感器一次绕组段间的绝缘电阻

（1）解开电流互感器的一次绕组间所有连接片（串、并联使用）。

（2）将绝缘电阻表“L”端接电流互感器一次绕组的“P1”端，“E”端接电流互感器一次绕组的“P2”端。

（3）接线经检查无误后，驱动绝缘电阻表达额定转速，将“L”端测试线搭上电流互感器“P1”端，“E”端测试线搭上电流互感器一次绕组的“P2”端，读取 60s 绝缘电阻值，并做好记录。

（4）完成测量后，应先断开绝缘电阻表“L”端接至被试电流互感器“P1”端的连接线，再将绝缘电阻表停止运转。

（5）对所测一次绕组进行短接放电并接地。

（6）恢复所有连接片的接线。

八、试验注意事项

（1）每次试验应选用相同电压相同型号的绝缘电阻表。

（2）测量时宜使用高压屏蔽线且屏蔽层接地。若无高压屏蔽线，测试线不要与地线缠绕，应尽量悬空。测试线不能用双股绝缘线和绞线，应用单股线分开单独连接，以免因绞线绝缘不良引起误差。

（3）试验人员之间应分工明确，测量时应配合默契，测量过程中要大声呼唱。

（4）测量时应在天气良好的情况下进行，且空气相对湿度不高于 80%。若遇天气潮湿、互感器表面脏污，则需要进行“屏蔽”测量，屏蔽是在互感器套管中上部表面用软铜线缠绕几圈，引至绝缘电阻表的屏蔽端（“G”端），以消除表面泄漏的影响。

（5）禁止在有雷电或邻近高压设备时使用绝缘电阻表，以免发生危险。

（6）测量电压互感器一次绕组的绝缘电阻、电流互感器末屏绝缘的绝缘电阻后，切记做好“X”端、末屏的接地。

（7）在将末屏接地解开时，应解开“接地端”，不要解开“末屏端”，以免造成末屏芯线断裂或渗油。

（8）在测量电流互感器末屏绝缘电阻时，将绝缘电阻表“L”端测试线搭上电流感器“末屏端”后，观察有无充电现象，放电时注意观察有无“火花”或“放电”声。

九、试验结果分析及试验报告编写

（1）试验标准及要求。

1）测量互感器一次绕组对二次绕组及外壳、各二次绕组间及其对外壳的绝缘电阻，在交接试验或大修后试验，用 2500V 绝缘电阻表进行测量，其绝缘电阻值不宜低于 3000MΩ。在预防性试验中，其绝缘电阻值与初始值比较，不应大于 50%。

2）测量电流互感器一次绕组段间的绝缘电阻，绝缘电阻值不宜低于 1000MΩ。但由于结构原因无法测量时，可不进行。

3）当电流互感器无出厂试验报告及前一次测量（初始值）结果，其一次绕组对二次绕组及外壳的绝缘电阻参照 20℃时各电压等级电流互感器一次绝缘电阻极限值（见表 2－1）执行。

表 2－1　　20℃时各电压等级电流互感器一次绝缘电阻极限值

电压等级（kV）	绝缘电阻（MΩ）	电压等级（kV）	绝缘电阻（MΩ）
0.5	120	3～10	450

4）测量电压互感器一次绕组对二次绕组及外壳、各二次绕组间及其对外壳的绝缘电阻，在交接试验或大修后试验，用 2500V 绝缘电阻表进测量，其绝缘电阻值在同等或相近测量条件下，应无显著降低。在预防性试验中，其绝缘电阻值与初始值比较，不应大于 50%。

5）测量电压互感器二次绕绝缘电阻，在交接试验或大修后试验，用 1000V 绝缘电阻表进行测量，其绝缘电阻值应不小于 10MΩ。

（2）试验结果分析。

1）每次的试验条件要基本相同。试验数据应与前一次或初始值试验结果相比，或参照同一设备历史数据，并结合规程标准及其他试验结果进行综合判断。

2）在测量末屏绝缘电阻时，若没有充电现象，而绝缘电阻值很高，放电时无“火花”或“放电”声，可能末屏引线发生断裂，需用其他试验来进行综合判断。

3）在测量末屏绝缘电阻时，若没有充电现象，而绝缘电阻值很低，放电时无“火花”或“放电”声，可能电流互感器末屏受潮。

4）在测量电压感器一次绕组的绝缘电阻时，由于末端（“X”端）的小套管脏污、受潮、破裂或支持小套管及二次端子的胶木板脏污、受潮，会影响一次绕组的绝缘电阻值。

（3）试验报告编写。编写报告时项目要齐全，包括测试时间、试验人员、天气情况、环境温度、湿度、设备运行编号（双重编号）、使用地点、设备型号及参数、试验性质（交接试验、预防性试验、检查、例行试验、诊断试验）、试验结果、试验结论、试验仪器名称型号及出厂编号，备注栏应写明其他需要注意的内容，如是否拆除引线等。

模块 2　互感器交流耐压试验

一、试验目的

（1）检查互感器主绝缘强度；

（2）检查互感器是否存在局部缺陷。

二、适用范围

交接、大修后及必要时。

三、试验准备

（1）了解被试设备的情况及现场试验条件。

查勘现场，查阅相关技术资料，包括历年试验数据及相关规程，掌握设备运行及缺陷情况。

（2）准备试验仪器、设备。试验变压器、高压试验控制箱、保护球隙、保护电阻器、分压器、电压表、绝缘电阻表、测试线（夹）、温（湿）度计、接地线、放电棒、绝缘操作杆、电源盘（带漏电保护器）、安全带、安全帽、梯子、电工常用工具、试验临时安全遮栏、标示牌等，并查阅试验仪器、设备及绝缘工器具的检定证书有效期、相关技术资料、相关规程等。

（3）办理工作票并做好试验现场安全和技术措施。工作负责人向试验人员交代工作内容、现场安全措施、现场作业危险点等，明确人员分工及试验程序。

四、试验仪器、设备的选择

试验变压器。

五、危险点分析与预控措施

（1）防止高处坠落。使用梯子应有人扶持或绑牢，在互感器上作业应系好安全带。

（2）防止高处落物伤人。高处作业应使用工具袋，上下传递物件应用绳索拴牢传递，严禁抛掷。

（3）防止工作人员触电。拆、接试验接线前，应将被试设备对地充分放电。加压前应与检修负责人协调，不允许有交叉作业。工作人员应与带电部位保持足够的安全距离。试验仪器的金属外壳应可靠接地，仪器操作人员必须站在绝缘垫上。

六、试验接线

电压互感器外施工频耐压试验接线图如图 2－5 所示。电流互感器外施工频耐压试验接线图如图 2－6 所示。

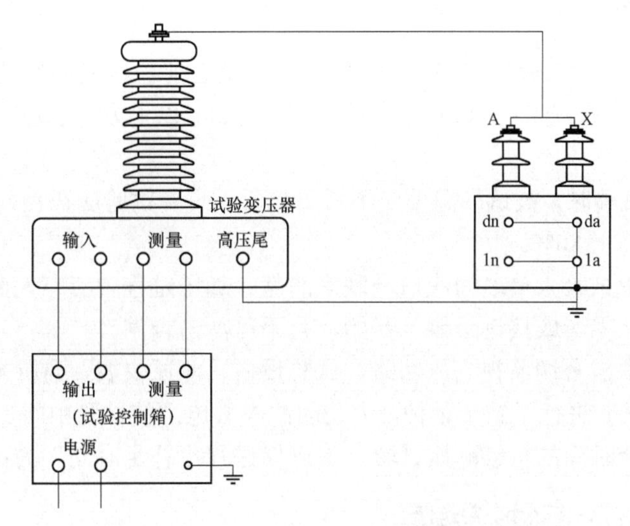

图 2－5　电压互感器外施工频耐压试验接线图

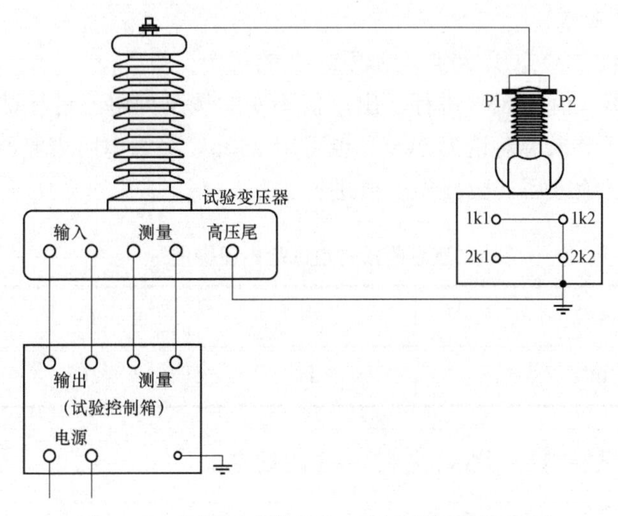

图 2－6　电流互感器外施工频耐压试验接线图

七、试验步骤

（1）将互感器各绕组接地放电，断开互感器对外的一切连线。

（2）测量绝缘电阻，其值应正常。

（3）将一次绕组短接加压，二次绕组短路与外壳一起接地，进行接线，并检查试验接线正确无误、调压器在零位，试验回路中过电流和过电压保护应整定正确、可靠。

（4）合上试验电源，开始开压进行试验。升压速度在75%试验电压以前，可以是任意的，自75%电压开始应均匀升压，约为每秒2%试验电压的速率升压。升至试验电压，开始计时并读取试验电压。时间到后，迅速均匀降压到零（或 1/3 试验电压以下），然后切断电源，放电、挂接地线。试验中如无破坏性放电发生，则认为通过耐压试验。

（5）测量绝缘电阻，其值应正常（一般绝缘电阻下降不大于 30%）。

八、试验注意事项

（1）交流耐压是一种破坏性试验，因此耐压试验之前被试品必须通过绝缘电阻、$\tan\delta$等各项绝缘试验且合格。充油设备还应在注油后静置 24h 以上方能加压，以避免耐压时造成不应有的绝缘击穿。

（2）进行绝缘试验时，被试品温度应不低于+5℃，户外试验应在良好的天气进行，且空气相对湿度一般不高于 80%。

（3）试验过程中试验人员之间应口号联系清楚，加压过程中应有人监护并呼唱。

（4）升压必须从零（或接近于零）开始，且不可冲击合闸。

（5）升压过程中应密切监视高压回路、试验设备、测试仪表，监听被试品有何异响。

（6）有时耐压试验进行了数十秒钟，中途因故失去电源使试验中断，在查明原因恢复电源后，应重新进行全时间的持续耐压试验，不可仅进行“补足时间”的试验。

九、试验结果分析及试验报告编写

（1）试验标准及要求。

1）互感器预防性试验电压标准，见表 2－2 的规定。

a. 一次绕组按出厂值的 85%进行。出厂值不明的按下列电压进行试验。

b. 二次绕组之间及末屏对地为 2kV（也可用 2500V 绝缘电阻表测绝缘代替）。

c. 全部更换绕组绝缘后，应按出厂值进行。

表 2－2　　互感器预防性试验电压标准

电压等级（kV）	3	6	10
试验电压（kV）	15	21	30

2）互感器交接试验电压标准，见表 2－3 的规定。

表 2－3　　互感器交接试验电压标准

额定电压（kV）	最高工作电压（kV）	1min 工频耐受电压（有效值，kV）			
		电压互感器		电流互感器	
		出厂	交接	出厂	交接
3	3.6	25（18）	20（14）	25	20
6	7.2	30（23）	24（18）	30	24
10	12	42（28）	33（22）	42	33

注 1. 表中电气设备出厂试验电压参照 GB 311.1《高压输变电设备的绝缘配合》。
2. 括号内的数据为全绝缘结构电压互感器的匝间绝缘水平。
3. 交接试验时按出厂试验电压的 80%进行。
4. 二次绕组之间及其对外壳的工频耐压试验电压标准应为 2kV。

（2）试验结果分析。互感器耐压试验后，可结合其他试验，如耐压前后的绝缘电阻测量、绝缘油的色谱分析等试验结果，进行综合判断，以确定被试品是否通过试验。

耐压试验过程中出现的现象同样是判断被试品合格与否的重要根据。试验中可能引发异常现象的常见绝缘缺陷主要有：

1）主绝缘或匝绝缘击穿。发生这类放电时，表计指针摆动、电流上升、电压下降、试验回路过电流保护动作，重复试验时，则故障更加发展。

2）油间隙或油中气泡放电。这类放电时表计指针摆动，器身内并有响声。但油隙放电电流突变而电压下跌不大，并在再次加压时电压并不明显下降，其放电响声清脆。而气泡放电响声轻微断续，表计指示抖动，摆动不大，再次加压时放电响声消失，转为正常试验。

3）悬浮物放电或固体绝缘爬电。这种类型放电响声混沌沉闷，电流突增，再次试验时异常现象不消失，且电压下跌，电流增大。

（3）试验报告编写。编写报告时项目要齐全，包括测试时间、试验人员、天气情况、环境温度、湿度、设备运行编号（双重编号）、使用地点、设备型号及参数、试验性质（交接试验、预防性试验、检查、例行试验、诊断试验）、试验结果、试验结论、试验仪器名称型号及出厂编号，备注栏应写明其他需要注意的内容，如是否拆除引线等。

模块 3　互感器直流电阻试验

一、试验目的

（1）检查互感器回路的完整性；

（2）及时发现因制造、运输、安装或运行中由于振动和机械应力等原因所造成的导线断裂、接头开焊、接触不良、匝间短路等缺陷。

二、适用范围

交接、预试、大修、故障后。

三、试验准备

（1）了解被试设备现场情况及试验条件。查勘现场，查阅相关技术资料，包括该设备出厂试验数据、历年试验数据及相关规程等，掌握该设备运行及缺陷情况。

（2）准备试验仪器、设备。直流电阻测试仪、测试线（夹）、温（湿）度计、接地线、放电棒、安全带、安全帽、电工常用工具、试验临时安全遮栏、标示牌等，并查阅试验仪器、设备及绝缘工器具的检定证书有效期、相关技术资料、相关规程等。

（3）办理工作票并做好试验现场安全和技术措施。工作负责人向试验人员交代工作内容、带电部位、现场安全措施、现场作业危险点等，明确人员分工及试验程序。

四、试验仪器、设备的选择

（1）测量互感器一、二次绕组直流电阻，应选择合适的直流电阻测试仪，并选择合适的量程。

（2）测量电压、电流互感器一次绕组直流电阻，若选择回路电阻测试仪，其测试电流应不小于 100A。

五、危险点分析与预控措施

（1）防止高处坠落。试验人员在拆、接互感器一次引线时，必须系好安全带。使用梯子时，必须有人扶持或绑牢。

（2）防止高处落物伤人。高处作业应使用工具袋，上下传递物件应用绳索拴牢传递，严禁抛掷。

（3）防止工作人员触电。拆、接试验接线，应将被试互感器对地充分放电，以防止剩余电荷、感应电压伤人及影响测量结果。试验接线正确、牢固，试验人员精力集中，不得触碰导体，并保持与带电部位有足够的安全距离。试验人员之间应分工明确，测量时应加强配合，测量过程中要高声呼唱。试验结束后应先将调压器回零，然后断开电源。

六、试验接线

电压互感器测量一次绕组直流电阻接线图如图 2－7 所示。电压互感器测量二次绕组直流电阻接线图如图 2－8 所示。电流互感器测量一次绕组直流电阻接线图如图 2－9 所示。电流互感器测量二次绕组直流电阻接线图如图 2－10 所示。

七、试验步骤

将被试互感器各绕组接地放电，放电时应用绝缘工具进行，不得用手碰触放电导线，并检查试验仪器是否正常，然后根据被试互感器的试验项目分别进行接线和测量。测量完毕后进行放电，恢复设备接线，整理试验现场环境，并确保现场无遗留物。

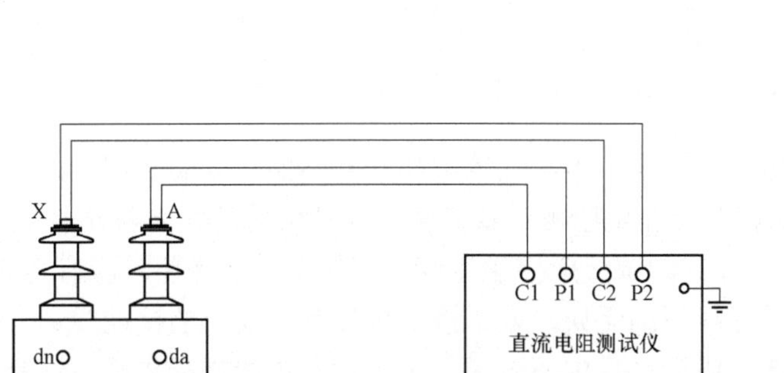

图 2-7 电压互感器测量一次绕组直流电阻接线图

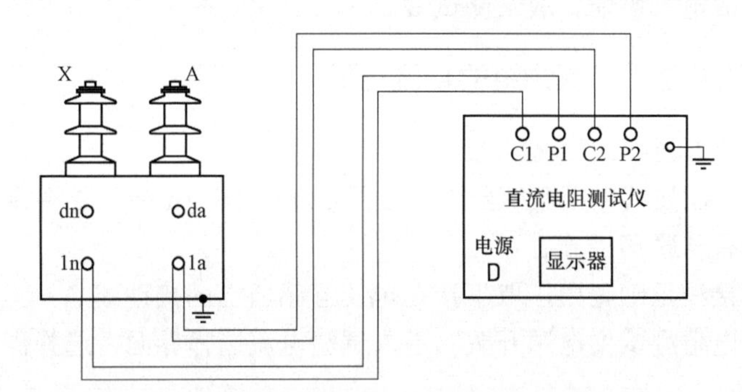

图 2-8 电压互感器测量二次绕组直流电阻接线图

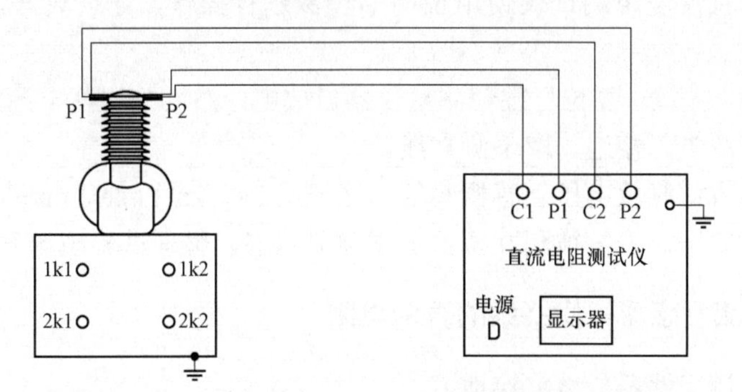

图 2-9 电流互感器测量一次绕组直流电阻接线图

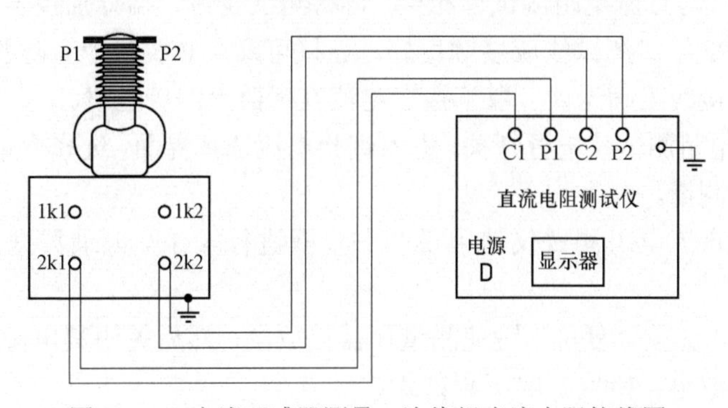

图 2-10 电流互感器测量二次绕组直流电阻接线图

（一）测量电压互感器一次绕组的直流电阻

（1）将被试电压互感器放电、接地，断开互感器对外的一切连线。

（2）先将测试线与直流电阻测试仪相接，再将测试线另一端分别接于被测电压互感器一次绕组的 A 端和 X 端。测试线应接触良好，连接可靠，必要时应有防脱落措施。

（3）检查试验接线正确无误，取下接在电压互感器上的接地线。

（4）打开直流电阻测试仪电源开关，进入试验电流选择界面，选择测试电流“1mA”，按“测试”键开始测量。

（5）严格按照直流电阻测试仪使用说明书步骤进行操作，记录数据，并记录被试品的温度。

（6）测量完毕，先按“复位”键使测量仪器自放电，然后关闭其电源开关，再对被试电压互感器测试绕组放电、接地。取下测试线。

（二）测量电压互感器二次绕组的直流电阻

（1）将被试电压互感器二次绕组放电、接地。

（2）将测试线接在被试电压互感器二次绕组的 1a 端和 1n 端。试验导线应接触良好，连接可靠，必要时应有防脱落措施。

（3）检查试验接线正确无误，取下接在电压互感器上的接地线。

（4）打开直流电阻测试仪电源开关，进入试验电流选择界面，选择测试电流“1A”，按“测试”键开始测量。

（5）严格按照直流电阻测试仪使用说明书步骤进行操作，记录数据，并记录被试品的温度。

（6）测量完毕，先按“复位”键使测量仪器自放电，然后关闭其电源开关，再对被试电压互感器测试绕组放电、接地。取下测试线。

（7）用同样的方法测量电压互感器其他二次绕组 2a、2n 和 da、dn 的直流电阻值。

（8）全部测量完毕，恢复被测互感器至试验前状态，整理试验现场环境。

（三）测量电流互感器一次绕组的直流电阻

（1）将被试电流互感器放电、接地。

（2）先将测试线与直流电阻测试仪相接，再将测试线另一端分别接于被测电流互感器一次绕组的 P1 端和 P2 端。测试线应接触良好，连接可靠，必要时应有防脱落措施。

（3）检查试验接线正确无误，取下接在电流互感器上的接地线。

（4）打开直流电阻测试仪电源开关，进入试验电流选择界面，选择合适的测试电流档位，按“测试”键开始测量。

（5）严格按照直流电阻测试仪使用说明书步骤进行操作，记录数据，并记录被试品的温度。

（6）测量完毕，先按“复位”键使测量仪器自放电，然后关闭其电源开关，再对被试电流互感器测试绕组放电、接地。取下测试线。

（四）测量电流互感器二次绕组的直流电阻

（1）将被试电流互感器二次绕组放电、接地。

（2）将测试线接在被试电流互感器二次绕组上。试验导线应接触良好，连接可靠，必要时应有防脱落措施。

（3）检查试验接线正确无误，取下接在电流互感器上的接地线。

（4）打开直流电阻测试仪电源开关，进入试验电流选择界面，选择测试电流“1A”，按“测试”键开始测量。

（5）严格按照直流电阻测试仪使用说明书步骤进行操作，记录数据，并记录被试品的温度。

（6）测量完毕，先按“复位”键使测量仪器自放电，然后关闭其电源开关，再对被试电流互感器测试绕组放电、接地。取下测试线。

（7）用同样的方法测量电流互感器其他二次绕组的直流电阻值。

（8）全部测量完毕，恢复被测互感器至试验前状态，整理试验现场环境。

八、试验注意事项

（1）使用直流电阻测试仪在接线时要注意仪器接线柱的正、负极。

（2）使用的电源应电压稳定、容量充足，以防止由于电流波动产生自感电动势而影响测量的准确性。

（3）试验电流不得大于被测电阻额定电流的 20%，且通电时间不宜过长，以减少被测电阻因发热而产生较大误差。

九、试验结果分析及试验报告编写

（1）试验标准及要求。同型号同规格同批次电流互感器，一二次绕组的直流电阻和平均值的差异不宜大于 10%，当有怀疑，应提高施加的测量电流，测量电流一般不宜超过额定电流的 50%。

电压互感器一次绕组直流电阻测量值，与换算到同一温度下的出厂值比较，相差不宜大于 10%。二次绕组直流电阻测量值，与换算到同一温度下的出厂值比较，相差不宜大于 15%。

（2）试验结果分析。同型号、同规格、同批次电流互感器一、二次绕组的直流电阻和平均值的差异不宜大于 10%，当有怀疑，提高施加的测量电流，测量电流一般不宜超过额定电流的 50%。

电压互感器一次绕组直流电阻测量值与换算到同一温度下的出厂值比较，相差不宜大于 10%；二次绕组直流电阻测量值与换算到同一温度下的出厂值比较，相差不宜大于 15%。

对电压、电流互感器绕组直流电阻进行分析时，要进行“横纵”比较。就是与该设备的历史数据比较，与同型号、相同测量部位比较，并结合油中色谱分析等来进行综合分析比较，找出故障原因。

（3）试验报告编写。编写报告时项目要齐全，包括测试时间、试验人员、天气情况、环境温度、湿度、设备运行编号（双重编号）、使用地点、设备型号及参数、试验性质（交接试验、预防性试验、检查、例行试验、诊断试验）、试验结果、试验结论、试验仪器名称型号及出厂编号，备注栏应写明其他需要注意的内容，如是否拆除引线等。

模块 4　电压互感器极性及变比测量

一、试验目的

（1）检查电压互感器变比、极性是否与铭牌和标志相符；

（2）检查电压互感器一、二次绕组匝数的关系是否正确。

二、适用范围

交接、预试、大修、必要时。

三、试验准备

（1）了解被试设备现场情况及试验条件。查勘现场，查阅相关技术资料，包括该设备出厂试验数据、历年试验数据及相关规程等，掌握该设备运行及缺陷情况。

（2）准备试验仪器、设备。自动变比测试仪、测试线（夹）、温（湿）度计、接地线、放电棒、安全带、安全帽、电工常用工具、试验临时安全遮栏、标示牌等，并查阅试验仪器、设备及绝缘工器具的检定证书有效期、相关技术资料、相关规程等。

（3）办理工作票并做好试验现场安全和技术措施。工作负责人向试验人员交代工作内容、带电部位、现场安全措施、现场作业危险点等，明确人员分工及试验程序。

四、试验仪器、设备的选择

自动变比测试仪，要求要有高精度和高输入阻抗，其准确度应不低于 0.5 级。仪器在错误工作状态下能显示错误信息，数据的稳定性和抗干扰性能很好，一次、二次信号是同步采样。

五、危险点分析与预控措施

（1）防止高处坠落。试验人员在拆、接互感器一次引线时，必须系好安全带。使用梯子时，必须有人扶持或绑牢。

（2）防止高处落物伤人。高处作业应使用工具袋，上下传递物件应用绳索拴牢传递，严禁抛掷。

（3）防止工作人员触电。拆、接试验接线，应将被试互感器对地充分放电，以防止剩余电荷、感应电压伤人及影响测量结果。试验接线正确、牢固，试验人员精力集中，不得触碰导体，并保持与带电部位有足够的安全距离。试验人员之间应分工明确，测量时应加强配合，测量过程中要高声呼唱。试验结束后应先将调压器回零，然后断开电源。

在运行变电站测量电压互感器极性、电压比时，必须将电压互感器二次熔丝（或自动开关）断开，以免反送电伤及试验人员。严格执行操作顺序，在测量时先接通测量回路，然后接通电源回路。读完数后，先断开电源回路，然后断开测量回路，以免反向感应电动势伤及试验人员，损坏试验仪器。拉、合开关的瞬间，不要用手触及绕组的端头，以免触电。

六、试验接线

电压互感器测量极性、电压比试验接线图如图 2－11 所示。

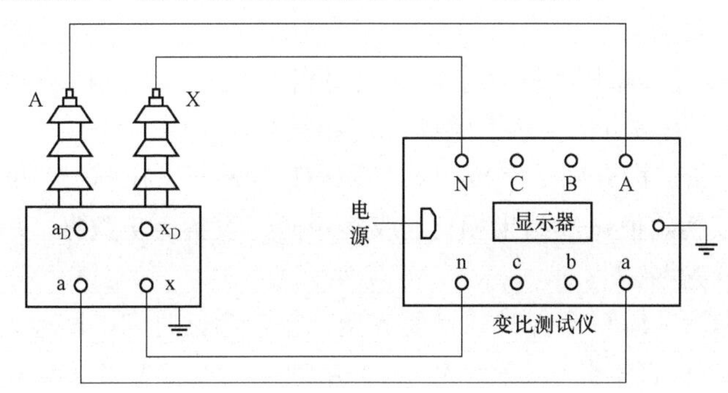

图 2－11　电压互感器测量极性、电压比试验接线图

七、试验步骤

（1）将被试电压互感器放电、接地，断开互感器对外的一切连线。

（2）按照变比测试仪使用说明书要求进行接线。先将测试线与变比测试仪相接，再将测试线另一端分别接于被测电压互感器一次绕组的 A 端和 X 端。测试线应接触良好，连接可靠，必要时应有防脱落措施。

（3）检查试验接线正确无误，取下接在电压互感器上的接地线。

（4）打开变比测试仪电源开关，显示输入参数界面，按提示完成仪器输入参数的设置，按“测试”键开始测量。

（5）严格按照变比测试仪使用说明书步骤进行操作，记录数据，并记录被试品的温度。

（6）测量完毕，关闭变比测试仪电源开关，再对被试电压互感器测试绕组放电、接地。

（7）保持变比测试仪的高压测试线不动，更换低压侧测试线的位置，测量电压互感器一次绕组对其他二次绕组的极性和电压比。

（8）全部测量完毕后，对被试电压互感器各测试部位进行充分放电、接地。在拆除试验连接线时，应先拆接在被测电压互感器一侧的测试线，后拆接在变比测试仪一侧的测试线，最后拆掉变比测试仪的接地线。

（9）恢复被测互感器至试验前状态，整理试验现场环境，并确保现场无遗留物。

八、试验注意事项

（1）试验电源应与使用仪器的工作电源相同。

（2）为防止剩余电荷影响测量结果，测量前必须对互感器进行充分放电。

（3）测量操作顺序必须按照仪器的《使用说明书》进行。

（4）测量时最好在“端子箱”连同二次引线一起进行测量，以检查二次引线连接是否正确。

（5）测试线与被测绕组的连接要牢固可靠。互感器接线板有氧化层或脏污时，应加以清理，以减少测量误差。

（6）试验中，二次加压后在一次侧可能感应出较高的电压，因此人员要远离被试设备。

九、试验结果分析及试验报告编写

（1）试验标准及要求。

1）极性测量电压互感器标有同一字母的大写和小写的端子，在同一瞬间具有同一极性。

2）电压比测量结果与电压互感器铭牌标志相符合。

（2）试验结果分析。标有同一字母的大写和小写的端子，在同一时间具有同一极性。试验数据应与前一次或初始值试验结果相比，或参照同一设备历史数据，并结合规程标准及其他试验结果进行综合判断。

（3）试验报告编写。编写报告时项目要齐全，包括测试时间、试验人员、天气情况、环境温度、湿度、设备运行编号（双重编号）、使用地点、设备型号及参数、试验性质（交接试验、预防性试验、检查、例行试验、诊断试验）、试验结果、试验结论、试验仪器名称型号及出厂编号，备注栏应写明其他需要注意的内容，如是否拆除引线等。

模块 5　电流互感器极性及变比测量

一、试验目的

（1）检查电流互感器变比、极性是否与铭牌和标志相符；

（2）检查电流互感器一、二次绕组匝数的关系是否正确。

二、适用范围

交接、预试、大修、故障后。

三、试验准备

（1）了解被试设备现场情况及试验条件。查勘现场，查阅相关技术资料，包括该设备出厂试验数据、历年试验数据及相关规程等，掌握该设备运行及缺陷情况。

（2）准备试验仪器、设备。互感器综合测试仪、测试线（夹）、温（湿）度计、接地线、放电棒、安全带、安全帽、电工常用工具、试验临时安全遮栏、标示牌等，并查阅试验仪器、设备及绝缘工器具的检定证书有效期、相关技术资料、相关规程等。

（3）办理工作票并做好试验现场安全和技术措施。工作负责人向试验人员交代工作内容、带电部位、现场安全措施、现场作业危险点等，明确人员分工及试验程序。

四、试验仪器、设备的选择

互感器综合测试仪。

五、危险点分析与预控措施

（1）防止高处坠落。试验人员在拆、接互感器一次引线时，必须系好安全带。使用梯子时，必须有人扶持或绑牢。

（2）防止高处落物伤人。高处作业应使用工具袋，上下传递物件应用绳索拴牢传递，严禁抛掷。

（3）防止工作人员触电。拆、接试验接线，应将被试互感器对地充分放电，以防止剩余电荷、感应电压伤人及影响测量结果。试验接线正确、牢固，试验人员精力集中，不得触碰导体，并保持与带电部位有足够的安全距离。试验人员之间应分工明确，测量时应加强配合，测量过程中要高声呼唱。试验结束后应先将调压器回零，然后断开电源。

六、试验接线

电流互感器测量极性、电流比试验接线图如图 2－12 所示。

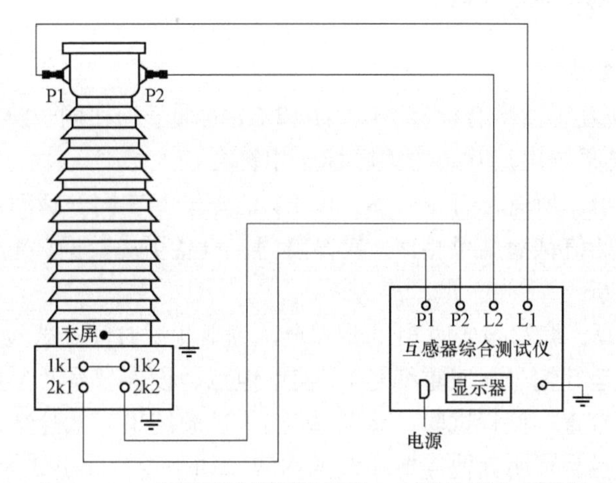

图 2－12　电流互感器测量极性、电流比试验接线图

七、试验步骤

（1）将被试电流互感器放电、接地，断开互感器对外的一切连线。

（2）将电流互感器被测二次绕组接地线断开，非被测二次绕组短路。运行中的电流互感器二次电缆接线拆开前应先做好标记。

（3）按照互感器综合测试仪使用说明书要求进行接线，接线要牢固可靠。

（4）检查试验接线正确无误，取下接在电流互感器上的接地线。

（5）打开变比互感器综合测试仪电源开关，进入输入参数界面，按提示完成仪器输入参数的设置，并进行测量。

（6）严格按照变比测试仪使用说明书步骤进行操作，记录数据，并记录被试品的温度。

（7）测量完毕，关闭互感器综合测试仪电源开关，再对被试电流互感器的一次绕组、被测二次绕组放电、接地。

（8）用同样方法测量电流互感器一次绕组对其他二次绕组的极性和电流比。要注意非被测二次绕组应短路。

（9）全部测量完毕后，对被试电流互感器各测试部位进行充分放电、接地。在拆除试验连接线时，应先拆除仪器的电源线和自装的短路线、接地线，再拆除所有试验接线。

（10）恢复被测互感器至试验前状态，整理试验现场环境，并确保现场无遗留物。

八、试验注意事项

（1）试验电源应与使用仪器的工作电源相同。

（2）为防止剩余电荷影响测量结果，测量前必须对互感器进行充分放电。

（3）测量操作顺序必须按照仪器的《使用说明书》进行。

（4）测量时最好在“端子箱”连同二次引线一起进行测量，以检查二次引线连接是否正确。

（5）试验中，应将电流互感器非被试二次绕组短路，严防开路，防止非被试二次绕组产生高压，危及试验人员和设备安全。

九、试验结果分析及试验报告编写

（1）试验标准及要求。

1）极性测量电流互感器所有标有 P1、S1 和 C1 的端子，在同一瞬间具有同一极性。

2）电流比测量结果与电流互感器铭牌标志相符合。

（2）试验结果分析。所有标有 P1、S1 和 C1 的端子，在同一瞬间具有同一极性。试验数据应与前一次或初始值试验结果相比，或参照同一设备历史数据，并结合规程标准及其他试验结果进行综合判断。

（3）试验报告编写。编写报告时项目要齐全，包括测试时间、试验人员、天气情况、环境温度、湿度、设备运行编号（双重编号）、使用地点、设备型号及参数、试验性质（交接试验、预防性试验、检查、例行试验、诊断试验）、试验结果、试验结论、试验仪器名称型号及出厂编号，备注栏应写明其他需要注意的内容，如是否拆除引线等。

模块 6　电压互感器励磁特性试验

一、试验目的

（1）检查电压互感器的铁芯质量；

（2）鉴别电压互感器磁化曲线的饱和程度，判断电压互感器绕组有无匝间短路；

（3）根据铁芯励磁特性合理选择配置电压互感器；

（4）避免电压互感器产生铁磁谐振过电压。

二、适用范围

交接、预试、大修、计量要求时。

三、试验准备

（1）了解被试设备现场情况及试验条件。查勘现场，查阅相关技术资料，包括该设备出厂试验数据、历年试验数据及相关规程等，掌握该设备运行及缺陷情况。

（2）准备试验仪器、设备。互感器综合测试仪、测试线（夹）、温（湿）度计、接地线、放电棒、安全带、安全帽、电工常用工具、试验临时安全遮栏、标示牌等，并查阅试验仪器、设备及绝缘工器具的检定证书有效期、相关技术资料、相关规程等。

（3）办理工作票并做好试验现场安全和技术措施。工作负责人向试验人员交代工作内容、带电部位、现场安全措施、现场作业危险点等，明确人员分工及试验程序。

四、试验仪器、设备的选择

互感器综合测试仪（多倍频感应耐压测试仪）。

五、危险点分析与预控措施

（1）防止高处坠落。试验人员在拆、接互感器一次引线时，必须系好安全带。使用梯子时，必须有人扶持或绑牢。

（2）防止高处落物伤人。高处作业应使用工具袋，上下传递物件应用绳索拴牢传递，严禁抛掷。

（3）防止工作人员触电。拆、接试验接线，应将被试互感器对地充分放电，以防止剩余电荷、感应电压伤人及影响测量结果。测量前与检修负责人协调，不允许有交叉作业。试验接线正确、牢固，试验人员精力集中，不得触碰导体，并保持与带电部位有足够的安全距离。试验人员之间应分工明确，测量时应加强配合，测量过程中要高声呼唱。试验结束后应先将调压器回零，然后断开电源。

（4）防止试验过程中互感器损伤。电压互感器非试验绕组末端应接地。

（5）防止电压互感器二次短路。拆除二次引线时做好标记，试验后应恢复二次引线并认真检查。

六、试验接线

电压互感器励磁特性试验接线图如图 2－13 所示。

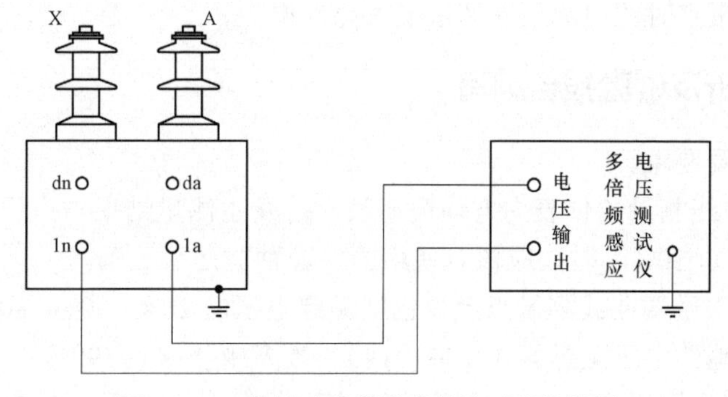

图 2－13　电压互感器励磁特性试验接线图

七、试验步骤

（1）将被试电压互感器一次绕组放电、接地。

（2）先将电压输出线与多倍频感应电压测试仪相接，再将电压输出线另一端分别接到电压互感器二次绕组的 1a 端和 1n 端。电压互感器其他二次绕组 da、2a 悬空，dn、2n 接地。

（3）检查试验接线正确无误，取下接在电压互感器一次绕组高压端“A”端的保护接地线。

（4）打开多倍频感应电压测试仪电源开关，进入伏安特性试验菜单取样点设置界面，设置试验每一步的试验电压，试验电压的最小分辨率为 0.1V。

（5）打开多倍频感应电压测试仪“输出允许”开关，按“确认”键开始测量。

（6）严格按照多倍频感应电压测试仪使用说明书步骤进行操作，记录数据，并记录被试品的温度。

（7）测量完毕，先按“停止”键切断多倍频感应电压测试仪高压输出，拉开电源刀闸，关闭仪器电源开关。然后对被试电压互感器二次绕组 1a、1n 进行放电、接地，高压一次绕组同时接地。

（8）拆除接在电压互感器二次绕组 1a、1n 上的试验接线，然后拆除试验仪器一侧的试验接线，最后拆掉测试仪的接地线。

（9）恢复被测电压互感器至试验前状态，整理试验现场环境，并确保现场无遗留物。

八、试验注意事项

（1）为防止剩余电荷影响测量结果，测量前必须对互感器进行充分放电。

（2）试验操作顺序必须按照仪器的《使用说明书》进行。

（3）试验电源应为额定频率 50Hz，电源电压的波形应近似于正弦波，其波形中总的谐波含量不大于 3%。电压施加在二次端子上。

（4）试验中，应将互感器一次绕组的末端出线端子可靠接地，其他绕组开路且接地。

（5）试验加压时，应连续缓慢升压，测量顺序应从低电压开始，不应测量高电压点后再返回测量低电压点。升至每个电压点时，应同时读取电压和电流值，防止因电压波动造成测量误差增大。

（6）因试验电压较高，所有人员与互感器高压端应保持足够安全距离，互感器与周围物品也应有足够距离，防止加压过程中对其放电。

（7）在最高测量点时的电流不应超过最大允许电流。

九、试验结果分析及试验报告编写

（1）试验标准及要求。

1）用于励磁曲线测量的仪表为方均根值表，若发生测量结果与出厂试验报告和型式试验报告有较大出入（>30%）时，应核对使用的仪表种类是否正确。

2）一般情况下，励磁曲线测量点至少包括额定电压的 20%、50%、80%、100%和 120%。对于中性点直接接地的电压互感器（N 端接地），最高测量点为 190%。

3）对于额定电压测量点（100%），励磁电流不宜大于其出厂试验报告和型式试验报告的测量值的30%，同批次、同型号、同规格电压互感器此点的励磁电流不宜相差30%。

（2）试验结果分析。电压互感器励磁特性试验加压时，逐渐升至额定电压，读取电流表读数，即在额定电压下的空载电流。试验测得的空载电流值与制造厂数值比较，应基本接近。若相差太大，说明互感器有问题，应查明原因。

电压互感器的励磁曲线与出厂检测结果不应有较大分散性，否则就说明所使用的材料、工艺甚至设计和制造发生了较大变动，以及互感器在运输、安装、运行中发生故障。如果励磁电流偏差太大，特别是成倍偏大，就要考虑是否有匝间绝缘损坏、铁芯片间短路或是铁芯松动的可能。

（3）试验报告编写。编写报告时项目要齐全，包括测试时间、试验人员、天气情况、环境温度、湿度、设备运行编号（双重编号）、使用地点、设备型号及参数、试验性质（交接试验、预防性试验、检查、例行试验、诊断试验）、试验结果、试验结论、试验仪器名称型号及出厂编号，备注栏应写明其他需要注意的内容，如是否拆除引线等。

模块7　电流互感器励磁特性试验

一、试验目的

（1）检查电流互感器的铁芯质量；

（2）鉴别电流互感器磁化曲线的饱和程度，判断电流互感器绕组有无匝间短路；

（3）计算10%误差曲线，判断电流互感器二次绕组有无匝间短路；

（4）检验电流互感器的仪表保安系数、准确限值系数及复合误差。

二、适用范围

交接、预试、大修、继电保护要求时。

三、试验准备

（1）了解被试设备现场情况及试验条件。查勘现场，查阅相关技术资料，包括该设备出厂试验数据、历年试验数据及相关规程等，掌握该设备运行及缺陷情况。

（2）准备试验仪器、设备。互感器综合测试仪、测试线（夹）、温（湿）度计、接地线、放电棒、安全带、安全帽、电工常用工具、试验临时安全遮栏、标示牌等，并查阅试验仪器、设备及绝缘工器具的检定证书有效期、相关技术资料、相关规程等。

（3）办理工作票并做好试验现场安全和技术措施。工作负责人向试验人员交代工作内容、带电部位、现场安全措施、现场作业危险点等，明确人员分工及试验程序。

四、试验仪器、设备的选择

互感器综合测试仪。

五、危险点分析与预控措施

（1）防止高处坠落。试验人员在拆、接互感器一次引线时，必须系好安全带。使用梯子时，必须有人扶持或绑牢。

（2）防止高处落物伤人。高处作业应使用工具袋，上下传递物件应用绳索拴牢传递，严禁抛掷。

（3）防止工作人员触电。拆、接试验接线，应将被试互感器对地充分放电，以防止剩余电荷、感应电压伤人及影响测量结果。测量前与检修负责人协调，不允许有交叉作业。试验接线正确、牢固，试验人员精力集中，不得触碰导体，并保持与带电部位有足够的安全距离。试验人员之间应分工明确，测量时应加强配合，测量过程中要高声呼唱。试验结束后应先将调压器回零，然后断开电源。

（4）防止试验过程中互感器损伤。电流互感器非试验绕组应短路接地。

（5）防止电流互感器二次开路。拆除二次引线时做好标记，试验后应恢复二次引线并认真检查。

六、试验接线

电流互感器励磁特性试验接线图如图 2－14 所示。

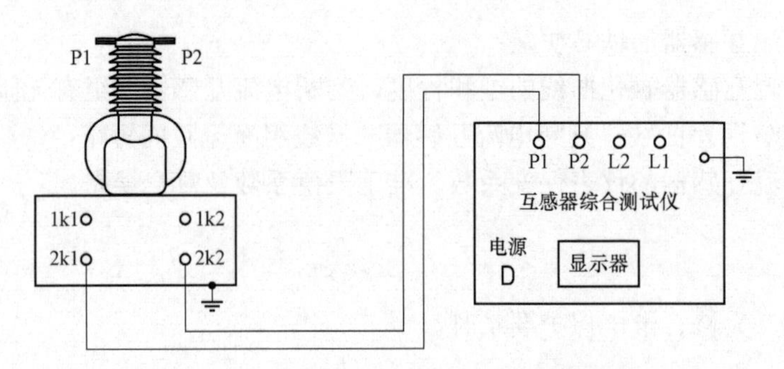

图 2－14　电流互感器励磁特性试验接线图

七、试验步骤

（1）对被试电流互感器放电、接地。

（2）将电流互感器被测二次绕组与互感器综合测试仪相接，其他非被测二次绕组开路，一次侧开路。

（3）检查试验接线正确无误，取下接在电流互感器一次绕组上的接地线。

（4）打开互感器综合测试仪电源开关，进入伏安特性试验设置界面，设置试验最大输出电压、最大输出电流、分段点电流值（理论拐点）、分段点前步长、分段点后步长等参数。

（5）选择“单机试验”选项，按“确认”键开始测量。

（6）严格按照多倍频感应电压测试仪使用说明书步骤进行操作，记录数据，并记录被试品的温度。

（7）测量完毕，关闭仪器电源开关。然后对被试电流互感器二次绕组进行放电并接地。

（8）用同样方法测量电流互感器其他需要测量的二次绕组的励磁特性。

（9）对电流互感器一次绕组进行充分放电并接地，拆除接在电压互感器一次绕组上的试验接线，然后拆除试验仪器一侧的试验接线，最后拆掉测试仪的接地线。

（10）恢复被测电压互感器至试验前状态，整理试验现场环境，并确保现场无遗留物。

八、试验注意事项

（1）为防止剩余电荷影响测量结果，测量前必须对互感器进行充分放电。

（2）试验操作顺序必须按照仪器的使用说明书进行。

（3）试验前，应将电流互感器一次绕组引线和接地线均拆除。试验时，一次侧开路，从二次侧施加电压。

（4）电流互感器励磁曲线试验电压不能超过 2kV，电流一般不大于 10A，或以制造厂技术条件为准。

（5）试验时电压从零向上递升，以电流为基准，读出电压值，直至到达额定电流。若对特性曲线有特殊要求而需要继续增加电流时，应迅速读数，以免绕组过热（自动测试仪无法控制）。

（6）试验中，仪器、被试设备出现异常现象应立即停止加压，关闭总电源开关。

（7）试验中，二次加压后在一次侧可能感应出较高的电压，因此所有人员应与互感器保持足够安全距离，互感器与周围物品也应有足够距离，防止加压过程中对其放电。

（8）实测的励磁特性曲线与初值或出厂值的曲线相比较，电压不应有显著降低。若有显著降低，应检查是否存在二次绕组的匝间短路。

九、试验结果分析及试验报告编写

（1）试验标准及要求。

1）实测的励磁特性曲线与出厂的励磁特性曲线比较，电压不应有明显的变化。

2）同型号同规格同批次电流互感器，励磁特性相互比较，应无明显差别。

3）对于差动保护用的电流互感器还应跟另外一端电流互感器的进行比较，励磁特性曲线不应有明显的差别。

（2）试验结果分析。电流互感器励磁曲线试验结果不应与出厂试验值有明显变化，如试验数据与原始数据相比变化较明显，首先检查测试仪表是否为方均根值表，准确等级是否满足要求，另外应考虑铁芯剩磁的影响，在必要的情况下应对互感器铁芯进行退磁，以减少试验和运行中的误差。

（3）试验报告编写。编写报告时项目要齐全，包括测试时间、试验人员、天气情况、环境温度、湿度、设备运行编号（双重编号）、使用地点、设备型号及参数、试验性质（交接试验、预防性试验、检查、例行试验、诊断试验）、试验结果、试验结论、试验仪器名称型号及出厂编号，备注栏应写明其他需要注意的内容，如是否拆除引线等。

电流互感器试验报告见表 2－4。

表 2-4　　　　电流互感器试验报告

<table>
<tr><td colspan="9">设备名称：</td></tr>
<tr><td colspan="9">1. 设备主要参数</td></tr>
<tr><td>型号</td><td colspan="4"></td><td colspan="2">变比</td><td colspan="2"></td></tr>
<tr><td>容量（VA）</td><td colspan="4"></td><td colspan="2">准确级</td><td colspan="2"></td></tr>
<tr><td>编号</td><td colspan="4"></td><td colspan="2">相别</td><td colspan="2"></td></tr>
<tr><td>出厂日期</td><td colspan="4"></td><td colspan="2">制造厂家</td><td colspan="2"></td></tr>
<tr><td colspan="9">2. 绝缘电阻</td></tr>
<tr><td>试验项目</td><td colspan="4">耐压试验前</td><td colspan="4">耐压试验后</td></tr>
<tr><td>一次对二次绕组及地</td><td colspan="4"></td><td colspan="4"></td></tr>
<tr><td colspan="9">二次绝缘电阻：</td></tr>
<tr><td>1S 对其他绕组及地</td><td colspan="2"></td><td colspan="4">2S 对其他绕组及地</td><td colspan="2"></td></tr>
<tr><td>试验环境</td><td colspan="8">环境温度：　　℃，湿度：　　%</td></tr>
<tr><td>试验设备</td><td colspan="8"></td></tr>
<tr><td>试验单位及人员</td><td colspan="4"></td><td colspan="2">试验日期</td><td colspan="2"></td></tr>
<tr><td colspan="9">3. 交流耐压试验</td></tr>
<tr><td>试验项目</td><td colspan="4">交流耐压值（kV）</td><td colspan="4">耐压时间（s）</td></tr>
<tr><td>一次对二次绕组地</td><td colspan="4"></td><td colspan="4"></td></tr>
<tr><td>试验环境</td><td colspan="8">环境温度：　　℃，湿度：　　%</td></tr>
<tr><td>试验设备</td><td colspan="8"></td></tr>
<tr><td>试验单位及人员</td><td colspan="4"></td><td colspan="2">试验日期</td><td colspan="2"></td></tr>
<tr><td colspan="9">4. 变比试验</td></tr>
<tr><td>试验项目</td><td colspan="4">1S1—1S2</td><td colspan="4">2S1—2S2</td></tr>
<tr><td>变比</td><td colspan="4"></td><td colspan="4"></td></tr>
<tr><td>试验设备</td><td colspan="8"></td></tr>
<tr><td>试验单位及人员</td><td colspan="4"></td><td colspan="2">试验日期</td><td colspan="2"></td></tr>
<tr><td colspan="9">5. 伏安特性试验</td></tr>
<tr><td>试验项目</td><td>0.1A</td><td>0.3A</td><td>0.5A</td><td>1A</td><td>2A</td><td>3A</td><td>4A</td><td>5A</td></tr>
<tr><td>1S1—1S2 电压（V）</td><td></td><td></td><td></td><td></td><td></td><td></td><td></td><td></td></tr>
<tr><td>2S1—2S2 电压（V）</td><td></td><td></td><td></td><td></td><td></td><td></td><td></td><td></td></tr>
<tr><td colspan="9">6. 二次绕组极性试验</td></tr>
<tr><td>试验项目</td><td colspan="4">1S1—1S2</td><td colspan="4">2S1—2S2</td></tr>
<tr><td>极性</td><td colspan="4"></td><td colspan="4"></td></tr>
<tr><td>试验设备</td><td colspan="8"></td></tr>
<tr><td>试验单位及人员</td><td colspan="4"></td><td colspan="2">试验日期</td><td colspan="2"></td></tr>
<tr><td colspan="9">7. 二次绕组直流电阻试验</td></tr>
<tr><td>试验项目</td><td colspan="4">1S1—1S2</td><td colspan="4">2S1—2S2</td></tr>
<tr><td>直流电阻值</td><td colspan="4"></td><td colspan="4"></td></tr>
<tr><td>试验环境</td><td colspan="8"></td></tr>
<tr><td>试验设备</td><td colspan="8"></td></tr>
<tr><td>试验单位及人员</td><td colspan="4"></td><td colspan="2">试验日期</td><td colspan="2"></td></tr>
<tr><td colspan="9">总结论：</td></tr>
<tr><td colspan="5">审核单位及人员：</td><td colspan="4">试验日期：</td></tr>
</table>

电压互感器试验报告见表 2－5。

表 2－5　　电压互感器试验报告

设备名称：						
1. 设备主要参数						
型号				变比		
容量（VA）				准确级		
编号				相别		
出厂日期				制造厂家		
2. 绝缘电阻						
试验项目	耐压试验前			耐压试验后		
一次对二次绕组及地						
二次绝缘电阻：						
1a－1n 对其他绕组及地		2a－2n 对其他绕组及地				
试验环境	环境温度：　　℃，湿度：　　%					
试验设备						
试验单位及人员				试验日期		
3. 交流耐压试验						
试验项目	交流耐压值（kV）			耐压时间（s）		
一次对二次绕组及地						
试验环境	环境温度：　　℃，湿度：　　%					
试验设备						
试验单位及人员				试验日期		
4. 变比试验						
试验项目	1a－1n			2a－2n		
变比						
试验设备						
试验单位及人员				试验日期		
5. 伏安特性试验						
额定电压百分比	20%	50%	80%	100%	120%	150%
1a－1n 电流（A）						
2a－2n 电流（A）						
6. 二次绕组极性试验						
试验项目	1a—1n			2a—2n		
极性						
试验设备						
试验单位及人员				试验日期		
7. 二次绕组直流电阻试验						
试验项目	1a—1n			2a—2n		
直流电阻值						
试验环境						
试验设备						
试验单位及人员				试验日期		
总结论：						
审核单位及人员：				试验日期：		

真空断路器试验

模块1　真空断路器绝缘电阻测量

一、试验目的

（1）测量绝缘电阻主要是用来保证设备正常工作；

（2）测量其整体的绝缘电阻，即断路器导电回路对地的绝缘电阻，检测断路器整体的绝缘状况；

（3）测量断路器断口之间的绝缘电阻，检测真空灭弧室绝缘状态。

二、适用范围

交接、预试、大修、故障后。

三、试验准备

（1）了解被试设备的情况及现场试验条件。查勘现场试验设备，包括历年试验数据、检修运行情况，掌握设备运行及缺陷情况；查阅相关技术资料，保证试验项目符合相关规程、规定、规范。

（2）试验仪器、设备的准备。试验所用仪器仪表：绝缘电阻表、绝缘电阻测试仪，查阅试验仪器的检定证书有效期，保证仪器仪表经过校验，在校验有效期内，具有校验报告且状况良好。

工器具及材料：温（湿）度计、接地线、放电棒、高压验电器、安全带、安全帽、安全围栏、标示牌等，并查阅设备及绝缘工器具的检定证书有效期，保证工器具在校验有效期内。

（3）办理工作票并做好试验现场安全和技术措施。工作负责人向试验人员交代工作内容、现场安全措施、现场作业危险点等，明确人员分工及试验程序。作业人员必须经过专业及安全培训，并经考试合格。

四、试验仪器、设备的选择

对于10kV真空断路器绝缘电阻的测量，一般采用电压等级为2500V绝缘电阻表进行测量，也可用绝缘电阻测试仪来进行测量。

五、危险点分析与预控措施

（1）防止高处坠落。作业人员攀爬断路器时需佩戴安全帽，穿胶鞋，系好安全带，安全带不准高挂低用，移动过程中不得失去安全带的保护。

（2）防止高处落物伤人。高处作业应使用工具袋，上下传递物件应使用绳索拴牢传递，严禁采用抛物形式传递工具。进入现场人员应该佩戴安全帽。

（3）防止工作人员触电。拆、接试验接线前，应将被试设备对地充分放电。在放电过程中，严禁人员触及设备金属部分。搬运仪器、工具、材料时与带电设备应保持足够的安全距离。测量引线要连接牢固，接线要正确无误，高压引线应尽量缩短，并采用专用的高压测试线，必要时用绝缘物支持牢固。在不拆开设备连线进行试验时，应防止试验电压经过设备连线引到其他设备上，造成其他人员触电。试验仪器的金属外壳应可靠接地。升压前应检查同一连线上的非被试设备上是否有人工作，并有人进行监护。

（4）作业区内装设遮栏（围栏），禁止非作业人员进入。试验现场应装设绝缘围栏和安全警示标示牌，并安排专人进行监护。试验工作中途停止且工作人员离开现场时，在离开前应断开试验电源，防止他人合闸时试验设备带电。工作恢复前，应该重新检查试验接线。

六、试验接线

断路器整体对地绝缘电阻试验时，将断路器置于合闸状态，将绝缘电阻表的接地端（E）与地线连接，绝缘电阻表的高压端（L）接测试线，测试线的另一端接断路器 A 相，B 相和 C 相短接后可靠接地，测量 A 相对地绝缘电阻。

断路器断口绝缘电阻试验时，将断路器置于分闸状态，然后进行接线，将绝缘电阻表的接地端（E）与地线连接，绝缘电阻表的高压端（L）接测试线，测试线的另一端接断路器 A 相的上断口，下断口及 B、C 短接后可靠接地，测量 A 相断口绝缘电阻。

B 相和 C 相按照上述方法依次进行测量。

真空断路器绝缘电阻试验接线图如图 3－1 所示。

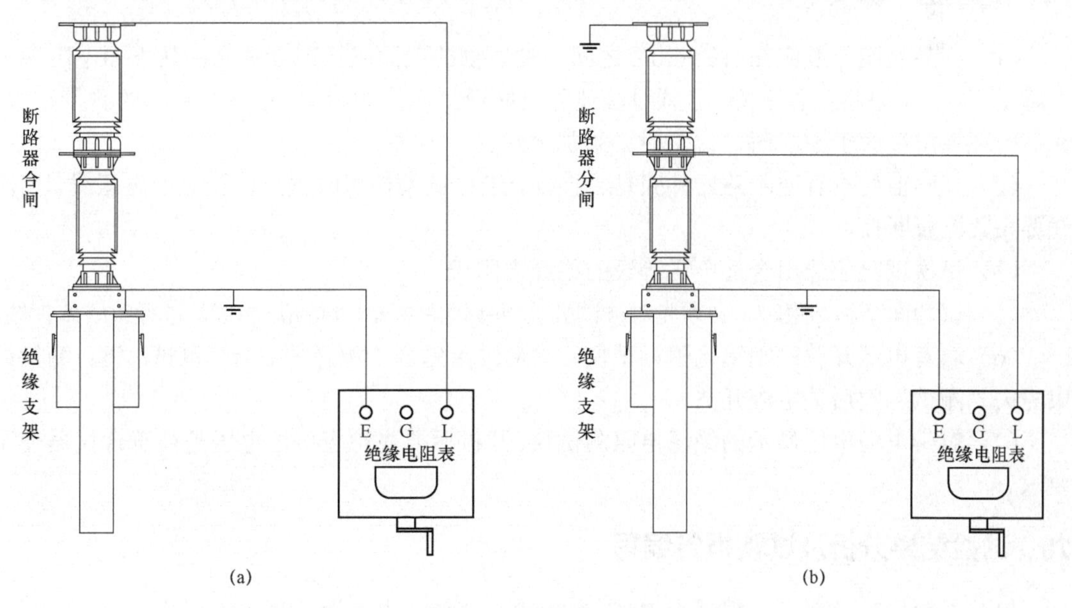

图 3－1　真空断路器绝缘电阻试验接线图

（a）相对地绝缘电阻试验接线图；（b）断口间绝缘电阻试验接线图

七、试验步骤

（1）断路器在合闸状态，分别测量每相导电回路对地的绝缘电阻（相对地）。

1）将断路器置于合闸状态，断开被试真空断路器的电源，拆除或断开对外的一切连线，将被试品接地放电，放电时应用绝缘棒等工具进行，不得用手碰触放电导线。

2）用干燥清洁柔软的布擦去被试品外绝缘表面的脏污，必要时用适当的清洁剂洗净。

3）对试验仪器绝缘电阻表做开路短路试验。将绝缘电阻表水平放稳，当绝缘电阻表转速尚在低速旋转时，用导线瞬时短接“L”和“E”端子，其指针应指零；开路时，绝缘电阻表转速达额定转速其指针应指“∞”，然后使绝缘电阻表停止转动。

4）按照图 3－1（a）进行试验接线，绝缘电阻表上的接线端子“E”接被试品的接地端的，“L”是接高压端的（即断口的上触头侧），“G”是接屏蔽端的，复查试验接线正确无误后开始测量。

5）驱动绝缘电阻表达额定转速 120r/min（或接通绝缘电阻表电源 60s），待指针稳定后读取绝缘电阻值并记录数值。

6）读取绝缘电阻后，先断开接至被试品高压端的连接线，然后再将绝缘电阻表停止运转。

7）用放电棒对被试品放电，整理试验现场环境。

8）测量时应记录被试设备的温度、湿度、气象情况、试验日期及使用仪表等。

9）分别以同样的方法测量剩余两相的绝缘电阻。

（2）在分闸状态测量各断口之间的绝缘电阻。

断路器处于分闸位置，按照图 3－1（b）接线，其他测量步骤同上。

八、试验注意事项

（1）试品温度一般应在 10～40℃之间，被试物的表面脏污或受潮会使其表面电阻率大大降低，绝缘电阻将明显下降，必须设法消除表面泄漏电流的影响，以获得正确的测量结果，在试验环境湿度大于 80%时，测量时必须加屏蔽。

（2）试验前检查真空断路器外壳是否接地，连接试验接线时先接地线后接高压线，高压线要扣紧测量断口。

（3）每次试验应选用合适电压等级的绝缘电阻表。

（5）试验间断和结束时，必须先对被试品放电接地后才能拆除高压引线，进行改线或拆线。

（6）对有电源开关的绝缘电阻测试仪，测量时应先合电源开关后合“测试”键；测量结束先关“测试”键后关电源开关。

（7）对带电池电压显示的绝缘电阻测试仪，开机后要先检查电池电压是否符合仪器使用要求。

九、试验结果分析及试验报告编写

（1）试验标准及要求。根据 Q/CSG 114002—2011《电气设备预防性试验规程》规定，真空断路器整体对地的绝缘电阻按制造厂规定或自行规定，断口的绝缘电阻不低于表 3－1

数值：

表 3-1　　真空断路器断口绝缘电阻值

类别	额定电压 6～10kV 的绝缘电阻值（MΩ）
大修后	1000
运行中	300

（2）试验结果分析。

1）在《电气设备预防性试验规程》中，断路器的整体绝缘电阻未做具体规定，可与出厂值及历年试验结果或同类型的断路器作比较进行判断。

2）断口间绝缘电阻以及整体对地绝缘电阻在 20℃时不低于 300MΩ，且无显著下降。

3）绝缘电阻大小与环境温度与湿度关系很大，但目前还没有一个通用的固定换算公式，所以要记录试验时环境温度及湿度。

（3）试验报告编写。编写报告时项目要齐全，包括试验人员、天气情况、环境温度、湿度、设备运行编号（双重编号）、设备参数、试验性质（交接、检查、例行、诊断）、试验结果、试验结论、试验仪器名称型号及出厂编号，备注栏应写明其他需要注意的内容，如是否拆除引线等。

模块 2　真空断路器导电回路电阻测量

一、试验目的

（1）断路器每相导电回路电阻值是断路器安装、检修和质量验收的一项重要数据；

（2）一般测量在合闸状态下导电回路的接触电阻，检查回路有无接触性缺陷，是否接触良好，端口是否有摩擦，接触面是否存有氧化层等。

二、适用范围

交接、例行、诊断性和故障后。

三、试验准备

（1）了解被试设备的情况及现场试验条件。查勘现场试验设备，包括历年试验数据、检修运行情况，掌握设备运行及缺陷情况；查阅相关技术资料，保证试验项目符合相关规程、规定、规范。

（2）准备试验仪器、设备。试验所用仪器仪表：直流电阻测试仪、测试线（夹），查阅试验仪器检定证书有效期，保证仪器在校验有效期内，具有校验报告且状况良好。

工器具及材料：电源盘（带漏电保护器）、温（湿）度计、接地线，放电棒、高压验电器、安全带、安全帽、临时安全遮栏、标示牌等，并查阅绝缘工器具的检定证书有效期，保证工器具在校验有效期内。

（3）办理工作票并做好试验现场安全和技术措施。工作负责人向试验人员交代工作内容、现场安全措施、现场作业危险点等，明确人员分工及试验程序；作业人员必须经过专业及安全培训，并经考试合格。

四、试验仪器、设备的选择

采用输出电流不小于 100A 的回路（直流）电阻测试仪进行测量，且要求仪器必须具备较强抗感应电能力，测量精度不小于 1.0 级，分辨率不小于 1μΩ，读数稳定且重复性好。

五、危险点分析与预控措施

（1）防止高处坠落。作业人员攀爬断路器时需佩戴安全帽，穿胶鞋，系好安全带，安全带不准高挂低用，移动过程中不得失去安全带的保护。

（2）防止高处落物伤人。高处作业应使用工具袋，上下传递物件应使用绳索拴牢传递，严禁采用抛物形式传递工具；进入现场人员应该佩戴安全帽。

（3）防止工作人员触电。拆、接试验接线前，应将被试设备对地充分放电。在放电过程中，严禁人员触及设备金属部分，搬运仪器、工具、材料时与带电设备应保持足够的安全距离。测量引线要连接牢固，接线要正确无误，高压引线应尽量缩短，并采用专用的高压测试线，必要时用绝缘物支持牢固。在不拆开设备连线进行试验时，应防止试验电压经过设备连线引到其他设备上，造成其他人员触电。试验仪器的金属外壳应可靠接地。升压前应检查同一连线上的非被试设备上是否有人工作，并有人进行监护。

（4）作业区内装设遮栏（围栏），禁止非作业人员进入。试验现场应装设绝缘围栏和安全警示标示牌，并安排专人进行监护。试验工作中途停止且工作人员离开现场时，在离开前应断开试验电源，防止他人合闸时试验设备带电，工作恢复前，应该重新检查试验接线。

六、试验接线

将真空断路器进行数次（至少 3 次）分合闸操作，然后把测试夹分别夹到开关同相的两端接线排上，注意电压线接在内侧，电流接线在外侧。真空断路器回路电阻试验接线图如图 3－2 所示。

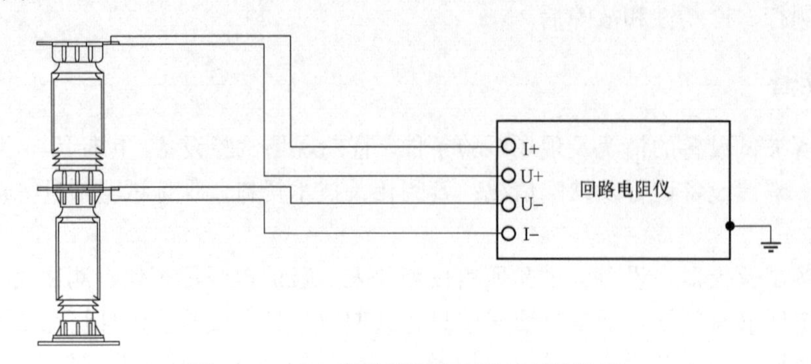

图 3－2　真空断路器回路电阻试验接线图

七、试验步骤

（1）断开断路器一侧的接地开关或接地线。

（2）将断路器进行数次分合闸操作，用于消除触头表面的氧化层，清除被试断路器接线端子接触面的油漆及金属氧化层，同时可检验控制回路是否完好。

（3）导电回路电阻测量应在合上断路器状态下进行，将断路器进行电动合闸（全电压）后通知运行人员断开控制回路电源。

（4）将测试仪接地，先接接地端再接仪器端。

（5）进行试验接线（按四端子接法接线，将电压、电流线分别插入仪器的 V+、V－和 I+、I－两端），电流线（粗线）和电压线（细线）接在一个钳子上，两个钳子分别夹在 A 相上下两个端口引线端子处。

（6）复查试验接线是否正确，要求粗的电流线接在外侧，细的电压线接在内侧，接线接触紧密良好。

（7）接通仪器电源，调整试验电流，要求测试电流不小于 100A，按下测试键，待电流稳定后读出被测回路电阻值，并做好记录。

（8）按下返回键，待仪器放电完毕后断开电源，首先要断开仪器总电源。

（9）挂接好放电棒后，拆除高压试验接线，拆除仪器端电压、电流线，最后拆除接地线。

（10）用同样的方法测量 B、C 相的回路电阻，并填写试验数据。

（11）测量完成后，关闭试验仪器，断掉试验电源，通知试验人员合上已拉开的接地开关，拆除试验测试线，将断路器恢复到试验前的状态。

八、试验注意事项

（1）被试断路器不允许带电（带电易烧毁仪器），为保证试验人员和设备的安全，断路器两侧隔离开关的操作控制电源应断开，以防由于干扰或误碰控制键使隔离开关误动合闸。

（2）测量时，为防止被测断路器突然分闸，应断开被测断路器操作回路的电源。（控制开关设置为近控）。

（3）测量时应注意电压线和电流线不要缠绕在一起，相互间尽量远离。电压线要接在断口的触头处，电流线应接在电压线的外侧。

（4）在没有完成全部接线时，不允许在测试回路开路的情况下通电，否则会损坏仪器。

（5）接线钳的所有连接面应该与试品可靠接触，避免引线和接触方式的影响。

（6）回路通入的直流电流值 100A 到额定电流之间的任一值，并保持 1 分钟，仪器必须可靠接地。

（7）测量过程中，复位前不得拆除电流端子夹具，防止电弧伤人。

（8）如发现断路器回路电阻增大或超过标准值，可将断路器数次电动合闸后再进行测量。如果电阻值变化不大，可分段查找以确定接触不良的具体部位，并进行相应的处理。

（9）断路器在测量回路中若有内置电流互感器串入，此时应断开控制回路电源或将电流互感器二次侧短路，防止保护误动作造成断路器突然分闸。

九、试验结果分析及试验报告编写

（1）试验标准及要求。根据 Q/CSG 114002—2011《电气设备预防性试验规程》关于断路器试验相关标准，将测量值与出厂值或初始值进行比较，变化不应该超过规定值 1.2 倍。由于市场上断路器生产厂家众多，导致断路器技术参数不一致，所以规程中部分试验项目试验数值未作出明确数值规定，此时试验所得数据还应该参照制造厂规定执行。

（2）试验结果分析。

1）试验结果除应与初始值比较，不应超过产品技术条件规定值的 1.2 倍。

2）试验结果还应与同类设备、同设备的不同相间进行比较，观察其发展趋势。

3）当红外热像显示断口温度异常、相间温差异常，或自上次试验之后又有 100 次以上分、合闸操作，也应进行本项目。

4）断路器触头接触电阻上升的原因一般有触头表面氧化、触头间残存有机械杂物、触头接触压力不够、触头有效接触面积减小（如触头调整不当）等。

（3）试验报告编写。编写报告时项目要齐全，包括试验人员、天气情况、环境温度、湿度、设备运行编号（双重编号）、设备参数、试验性质（交接、检查、例行、诊断）、试验结果、试验结论、试验仪器名称型号及出厂编号，备注栏应写明其他需要注意的内容，如是否拆除引线等。

模块 3　合闸接触器线圈及分、合闸线圈的直流电阻和绝缘电阻试验

一、试验目的

通过对线圈直流电阻及绝缘电阻的测量，判断分合闸线圈有无断线、匝间短路或控制回路出现接触不良等情况，保证断路器分合闸线圈能可靠动作。

二、适用范围

交接试验、诊断试验、例行试验。

三、试验准备

（1）了解被试设备现场情况及试验条件。查勘现场，查阅相关技术资料，包括该设备出厂试验数据、历年试验数据及相关规程等，掌握该设备运行及缺陷情况。

（2）准备试验仪器、设备。试验所用仪器仪表：直流电阻测试仪、兆欧表、测试线箱，查阅试验仪器检定证书有效期，保证仪器在校验有效期内，具有校验报告且状况良好。

工器具及材料：接地线、放电棒、验电器、电源盘（带漏电保护器）、温（湿）度计、安全带、安全帽、电工常用工具、试验临时安全遮栏、标示牌等，并查阅试验仪器、设备及

绝缘工器具的检定证书有效期。

（3）办理工作票并做好试验现场安全和技术措施。工作负责人向试验人员交代工作内容、带电部位、现场安全措施、现场作业危险点，明确人员分工及试验程序。

四、试验仪器、设备的选择

直流电阻测试仪（准确度不低于 0.5 级）用来测量合闸接触器线圈和分、合闸线圈直流电阻，1000V 绝缘电阻表测量分合闸线圈的绝缘电阻。

五、危险点分析与预控措施

（1）防止高处坠落。作业人员攀爬作业时需佩戴安全帽，穿胶鞋，系好安全带，安全带不准高挂低用，移动过程中不得失去安全带的保护。

（2）防止高处落物伤人。高处作业应使用工具袋，上下传递物件应使用绳索拴牢传递，严禁采用抛物形式传递工具；进入现场人员应该佩戴安全帽。

（3）防止工作人员触电。拆、接试验接线前，应将被试设备对地充分放电。在放电过程中，严禁人员触及设备金属部分，搬运仪器、工具、材料时与带电设备应保持足够的安全距离。测量引线要连接牢固，接线要正确无误，高压引线应尽量缩短，并采用专用的高压测试线，必要时用绝缘物支持牢固。在不拆开设备连线进行试验时，应防止试验电压经过设备连线引到其他设备上，造成其他人员触电。试验仪器的金属外壳应可靠接地。升压前应检查同一连线上的非被试设备上是否有人工作，并有人进行监护。

（4）作业区内装设遮栏（围栏），禁止非作业人员进入。试验现场应装设绝缘围栏和安全警示标示牌，并安排专人进行监护。试验工作中途停止且工作人员离开现场时，在离开前应断开试验电源，防止他人合闸时试验设备带电，工作恢复前，应该重新检查试验接线。

六、试验接线

将直流电阻测试仪测试线分别接至控制面板合闸接触器线圈和分、合闸线圈两端的接线端子处，注意电压线接在内侧，电流接线在外侧。

将绝缘电阻表 L 端和 E 端分别接至控制面板合闸接触器线圈和分、合闸线圈两端的接线端子处，测量绝缘电阻。

真空断路器分闸线圈直流电阻试验接线图如图 3－3 所示。

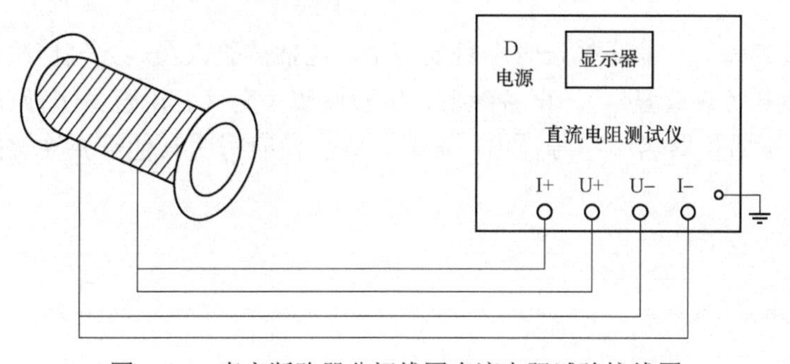

图 3－3　真空断路器分闸线圈直流电阻试验接线图

七、试验步骤

（1）合闸接触器线圈和分、合闸线圈直流电阻试验。

1）断开真空断路器对外的一切电源，将真空断路器接地。

2）打开真空断路器控制面板，根据图纸找到分闸线圈的端子号。

3）将直流电阻测试仪的两根测试线（红色和黑色）分别接在仪器的+I、－I、+V、－V四个接线端子上（如果红黑线有粗细区别，则粗线接I端子，细线接V端子），红黑两根测试线的钳夹分别夹在分闸线圈的两端。

4）接好试验电源后打开仪器的试验电源，进入试验电流选择界面，如无法确定选择，可参考铭牌或将电流从小到大依次试验确定。

5）记录显示的数值大小，试验完成后，点击复位/选择键，然后关闭电源。

6）合闸接触器线圈和合闸线圈均为同样的操作来测量直流电阻。

（2）合闸接触器线圈及分、合闸线圈绝缘电阻的试验参考第三章模块1即可。

八、试验注意事项

（1）注意回路中半导体元件对测量的影响。

（2）测量后应对线圈充分放电。

（3）也可以用万用表来测量分、合闸线圈的直流电阻。当断路器处于分闸状态并已储能后用万用表测量合闸线圈直流电阻，当断路器处于合闸状态后测量分闸线圈的直流电阻。

九、试验结果分析及试验报告编写

（1）试验标准及要求。根据Q/CSG 114002—2011《电气设备预防性试验规程》关于断路器试验相关标准，分、合闸线圈及合闸接触器线圈的直流电阻值应符合制造厂规定，与产品出厂值相比应无明显差别；分、合闸线圈及合闸接触器线圈的绝缘电阻值大修后应不小于10MΩ，运行中应不小于2MΩ。

（3）试验结果分析。试验结果除应与制造厂规定值比较外，还应与历次值相比较，观察数值变化趋势，一般试验结果与以往试验结果不应该有较大的变化。若试验数据异常，应根据断路器具体情况与被试品历史数据或同类型设备的测量数据相比较，进行综合判断。

（3）试验报告编写。编写报告时项目要齐全，包括试验人员、天气情况、环境温度、湿度、设备运行编号（双重编号）、设备参数、试验性质（交接、检查、例行、诊断）、试验结果、试验结论、试验仪器名称型号及出厂编号，备注栏应写明其他需要注意的内容，如是否拆除引线等。

模块 4　真空断路器机械特性试验

一、试验目的

断路器机械特性试验主要包括测量断路器的分、合闸时间，断路器主触头的分、合闸同期性，以及断路器触头的分、合闸速度。

断路器分、合闸动作时间的长短关系到断路器分断和关合故障电流的性能，是断路器的重要参数之一。分闸速度的降低将使电弧的燃烧时间增加，会加速断路器触头电磨损，降低了断路器的使用寿命；分闸速度过高，又会使运动机构承受过大的机械应力和冲击，从而造成个别部件的损坏或者缩短使用寿命。每种类型的断路器都有相应的动作时间，如果经过安装或检修后的动作时间不符合规定的分合闸时间，证明该断路器调试不良或机械方面有异常现象。断路器只有保证适当的分合闸速度才能充分发挥开断电流的能力，才能减小开断或者关合过程中预击穿造成的触头电磨损及避免发生触头熔焊。

断路器分合闸同期性是指分闸或合闸时三相不同期的程度，要求这种不同期程度越小越好。断路器分合闸严重不同期，将造成线路或用电设备的非全相接入或切除，可能出现导致绝缘损坏危险的操作过电压、继电保护误动作等不利现象，对断路器的触头也会带来损伤。因此，断路器的机械特性参数对电网的稳定运行意义重大。

二、适用范围

交接试验、例行试验、诊断性试验。

三、试验准备

（1）了解被试设备现场情况及试验条件。查勘现场，查阅断路器相关出厂技术资料，包括该设备出厂试验数据、历年试验数据及相关规程等，掌握该设备运行及缺陷情况。

（2）准备试验仪器、设备。试验所用仪器仪表：断路器特性试验仪、测试线箱，查阅试验仪器检定证书有效期，保证仪器在校验有效期内，具有校验报告且状况良好。

工器具及材料：接地线、放电棒、验电器、安全带、安全帽、安全围栏、标示牌等，并查阅绝缘工器具的检定证书有效期，保证工器具在校验有效期内。

（3）办理工作票并做好试验现场安全和技术措施。工作负责人向试验人员交代工作内容、带电部位、现场安全措施、现场作业危险点，明确人员分工及试验程序，在工作票及作业指导书上签字确认。

四、试验仪器、设备的选择

断路器特性试验仪 1 台，要求仪器时间精度误差不大于 0.1ms，时间通道数应不少于 3 个，至少有 1 个模拟输入通道，具备稳定的测速能力，较强的抗感应电能力。

五、危险点分析与预控措施

（1）防止损伤设备。使用接线钳接线时，必须两人操作，防止损伤断路器表面瓷套。

（2）防止高处坠落及高处落物伤人。作业人员攀爬时需佩戴安全帽，穿胶鞋，系好安全带，安全带不准高挂低用，移动过程中不得失去安全带的保护；使用高空接线钳时将测试线系牢，防止线夹坠落伤人，进入试验现场人员需佩戴安全帽。

（3）防止工作人员触电。拆、接试验接线前，应将被试设备对地充分放电。在放电过程中，严禁人员触及设备金属部分，搬运仪器、工具、材料时与带电设备应保持足够的安全距离。测量引线要连接牢固，接线要正确无误，高压引线应尽量缩短，并采用专用的高压测试线，必要时用绝缘物支持牢固。在不拆开设备连线进行试验时，应防止试验电压经过设备连线引到其他设备上，造成其他人员触电。试验仪器的金属外壳应可靠接地。升压前应检查同一连线上的非被试设备上是否有人工作，并有人进行监护。

（4）作业区内装设遮栏（围栏），禁止非作业人员进入。试验现场应装设绝缘围栏和安全警示标示牌，并安排专人进行监护。试验工作中途停止且工作人员离开现场时，在离开前应断开试验电源，防止他人合闸时试验设备带电，工作恢复前，应该重新检查试验接线。

（5）防止人员机械损伤。断路器特性试验易造成试验人员受伤，在断路器操动机构处工作时，应防止造成机械损伤或不慎将直流短路、接地。

六、试验接线

真空断路器机械特性试验接线图如图 3－4 所示。

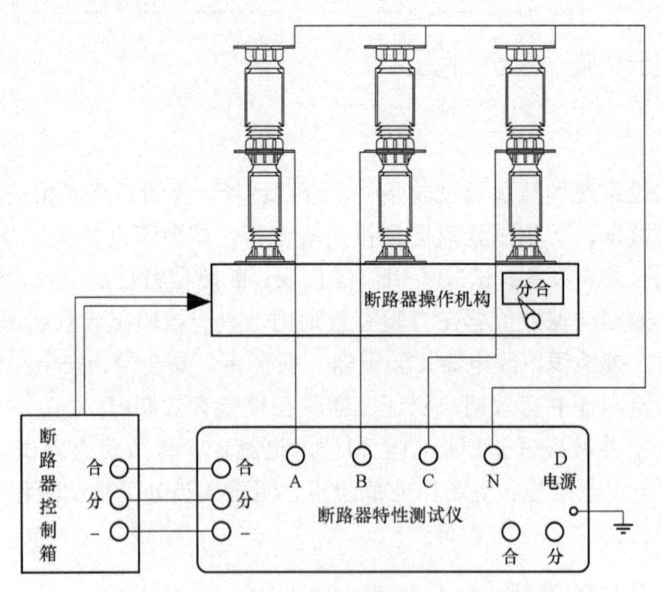

图 3－4　真空断路器机械特性试验接线图

按照断路器动作特性试验仪的使用要求进行接线，将断路器特性试验仪的分、合闸控制线分别接入断路器二次控制线中，将时间测量通道线接至断路器对应的三相上口，三相下口短接并接公共端，在额定操作电压下对合闸时间、分闸时间、同期性能及速度参数进行测量。

七、试验步骤

（1）按照试验仪器接线方法，正确连接试验接线，然后开始进行断路器机械特性试验。将断口连线的黑色测试夹，夹在断路器各相静触头的接线端（或是静触头三相短接后夹在一相即可）；将断口连接线的黄色、绿色、红色测试夹，分别夹在断路器的A相、B相、C相的动触头接线端（依照黄、绿、红分别接A、B、C相的顺序连接）。信号线连接时，先接三个分线夹，将绿色线夹接到分闸线圈的“+”端；将红色线夹接到合闸线圈的“+”端；将黑色线夹接到分/合闸线圈的公共“–”端，然后将信号线的插头插到仪器面板的电源插孔内。

（2）确认接线正确无误后，打开仪器电源，调节仪器直流电压输出至额定值，进行分、合闸操作试验并记录试验数据。

（3）测量时应记录被试设备的温度、湿度、试验日的气象情况、试验日期及使用仪表等。

（4）测量完毕后关闭仪器，断开电源，拆除试验测试线，恢复设备试验现场。

合分闸速度试验可结合断路器合、分闸时间试验同时进行，将测速传感器可靠固定，并将传感器运动部分牢固连接至断路器动触杆上。对利用断路器特性试验仪进行断路器合、分操作，根据所得的行程——时间曲线求得合、分闸速度以及分闸反弹幅值。

八、试验注意事项

（1）试验时也可采用站内直流电源作为操作电源，对于电磁操作机构，应将合闸控制线接至合闸接触器线圈回路。

（2）测量断路器的三相同期性应与测量分、合闸时间及平均分、合闸速度同时进行，真空断路器在做机械特性试验前后均需要做绝缘耐压试验。

（3）撤出信号线时，应先撤下仪器面板上的插头，然后再撤下开关上的线夹，避免线夹带电碰撞造成短路。

（4）断路器分、合闸时内部弹簧会动作，试验人员不要站在断路器正面，避免事故伤人。

九、试验结果分析及试验报告编写

（1）试验标准及要求。根据Q/CSG 114002—2011《电气设备预防性试验规程》关于断路器试验相关标准，分、合闸时间，分、合闸同期性和触头开距应符合制造厂规定。

（2）试验结果分析。

1）三相合闸时间中的最大值与最小值之差即为合闸不同期；三相分闸时间中的最大值与最小值之差即为分闸不同期。

2）分、合闸速度、分、合闸时间与分、合闸不同期应符合制造厂的规定。

3）相间合闸不同期不大于5ms；相间分闸不同期不大于3ms；同相各断口间合闸不同期不大于3ms；同相各断口间分闸不同期不大于2ms。

4）合闸弹跳时间除制造厂另有规定外，应不大于2ms。

（3）试验报告编写。编写报告时项目要齐全，包括试验人员、天气情况、环境温度、湿度、设备运行编号（双重编号）、设备参数、试验性质（交接、检查、例行、诊断）、试验结果、试验结论、试验仪器名称型号及出厂编号，备注栏应写明其他需要注意的内容，如是否拆除引线等。

模块 5　真空断路器灭弧室真空度试验

一、试验目的

（1）真空断路器的核心部件是真空灭弧室（真空泡），真空断路器在运行过程中其真空灭弧室会有不同程度的泄漏，有的甚至在预期使用寿命范围内就可能泄漏到无法正常工作的地步，在这种情况下进行操作就会造成严重的后果，真空断路器事故大多是由此原因引起。

（2）真空断路器的核心是真空灭弧室的真空度，真空度的大小直接影响断路器的使用性能和开断能力。一旦真空度被破坏，将导致断路器无法灭弧甚至发生爆炸事故。

（3）真空寿命国标规定：1.33×10^{-3}Pa，实际生产中按 1.0×10^{-4}Pa 出厂，当真空度降到 6.6×10^{-2}Pa 就已经不能运行。

二、适用范围

此项目为推荐性试验项目。

三、试验准备

（1）了解被试设备的情况及现场试验条件。查勘现场，查阅相关技术资料，包括历年试验数据及相关规程，掌握设备运行及缺陷情况。

（2）准备试验仪器、设备。试验所用仪器仪表：真空度测试仪，查阅试验仪器检定证书有效期，保证仪器在校验有效期内，具有校验报告且状况良好。

工器具及材料：接地线、放电棒、验电器、安全带、安全帽、安全围栏、标示牌等，并查阅绝缘工器具的检定证书有效期，保证工器具在校验有效期内。

（3）办理工作票并做好试验现场安全和技术措施。工作负责人向试验人员交代工作内容、现场安全措施、现场作业危险点等，明确人员分工及试验程序。

四、试验仪器、设备的选择

传统为工频耐压法进行检测，但是这种方法只能粗略地估计灭弧室是否报废，属定质检测（断路器在开路状态下，在断口间加工频试验电压，如能耐受 10s 以上，则认为真空度良好；若在电压升高过程中，出现电流增大现象，超过 5A 则认定不合格，实际上是判断真空灭弧室真空度是否符合要求的一种间接方法）。

如试验条件允许，可使用真空度测试仪进行真空度的检测，其测量原理为磁控放电。

五、危险点分析与预控措施

（1）防止高处坠落。作业人员攀爬时需佩戴安全帽，穿胶鞋，系好安全带，安全带不准高挂低用，移动过程中不得失去安全带的保护。

（2）防止高处落物伤人。高处作业应使用工具袋，上下传递物件应使用绳索拴牢传递，严禁采用抛物形式传递工具；进入现场人员应该佩戴安全帽。

（3）防止工作人员触电。拆、接试验接线前，应将被试设备对地充分放电，在放电过程中，严禁人员触及设备金属部分，搬运仪器、工具、材料时与带电设备应保持足够的安全距离；测量引线要连接牢固，接线要正确无误，高压引线应尽量缩短，并采用专用的高压测试线，必要时用绝缘物支持牢固；在不拆开设备连线进行试验时，应防止试验电压经过设备连线引到其他设备上，造成其他人员触电；试验仪器的金属外壳应可靠接地；升压前应检查同一连线上的非被试设备上是否有人工作，并有人进行监护。

（4）作业区内装设遮栏（围栏），禁止非作业人员进入。试验现场应装设绝缘围栏和安全警示标示牌，并安排专人进行监护；试验工作中途停止且工作人员离开现场时，在离开前应断开试验电源，防止他人合闸时试验设备带电，工作恢复前，应该重新检查试验接线。

六、试验接线

将面板上的磁控电流输出端通过导线与磁控线圈相连，使灭弧室触头至于分闸状态，线圈套于灭弧室外，将高压线和信号输入线分别接灭弧室的动触头端与静触头端。注意，高压线应悬空。真空断路器真空度试验接线图如图 3－5 所示。

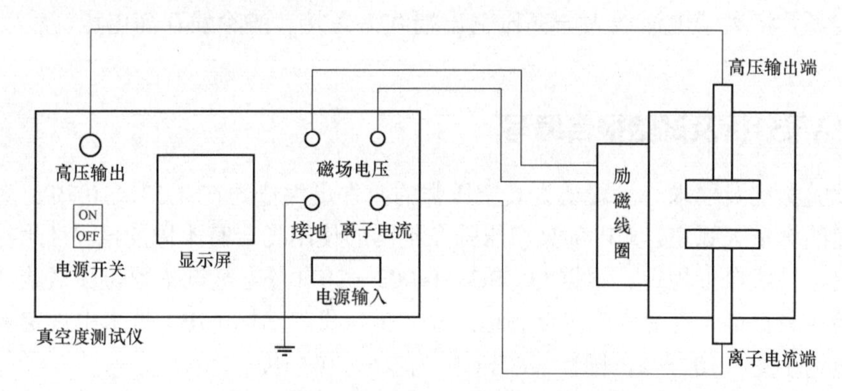

图 3－5　真空断路器真空度试验接线图

七、试验步骤

（1）将被测的真空管两端断电。被测的真空管不必从开关柜上拆卸，但必须使真空管处于正常的断开（分闸）状态，并打开真空开关进出线的刀闸；若真空开关还没有装上，也需要采取措施使真空开关动静触头处于正常开距状态，并将其置于绝缘良好的支撑架上，同时要注意磁控线圈的安装位置，应安装在灭弧室中间略偏动触头的位置。

（2）将被测的真空管按图 3－5 与仪器接线：先将仪器接地端接到大地上，再将磁控线圈通过磁场电流线连接仪器的磁场电压正、负端，将高压输出端用高压电缆连接到真空管的静触头上，将离子电流输入端通过离子电流线（屏蔽线）接至真空管的动触头上。

（3）选择功能设置管型进行真空度测量。

（4）测量结束后，关闭仪器电源，并等待 5s 后方可拆线。拆线时应先拆除与仪器相连的测试线，再拆除与真空管、磁控线圈的连线。

八、试验注意事项

（1）仪器外壳应可靠接地。

（2）为了提高测量准确度，测量前应将真空开关外表面擦拭干净。

（3）请正确选择真空管的管型。

（4）测量过程中，高压输出端会输出约 20kV 高压，请保持其与人体及低压线端的绝缘距离（建议与人体保持 0.5m 以上距离），磁场电压输出端输出约 1600V 高压，请注意安全。

（5）仪器进行试验时，接线应先连接磁控线圈、真空管的连线，然后再与仪器相连。测量完成后拆线应先拆除与仪器相连的测试线，然后再拆除与磁控线圈、真空管的连线；如在使用时忘记连接磁控线圈而直接按测量键时，应立即关闭电源，重新接好磁控线圈，请注意此时磁场电压输出端会有较高电压，请接线时勿接触导体部分，以免被电容上的残余电压击伤。

（6）测量过程中，若出现异常，请首先关闭电源。

（7）测量完毕后磁场输出端仍可能有 40V 左右的残余电压，请注意安全。

（8）在多次对同一真空管进行测量时，相邻两次的测量时间间隔不要少于 10min。同时关闭仪器电源，将离子电流线夹与高压输出端线夹短接，消除残存高电压，然后进行下次测量。

九、试验结果分析及试验报告编写

（1）试验标准及要求。一般认为真空压强的允许最大值约在 1.33×10^{-1}Pa 附近，但对于不同用途的真空灭弧室，其内部真空压强在不同的使用场合有不同的值，对此各国未做明确统一规定，一般自行规定。根据 Q/CSG 114002—2011《电气设备预防性试验规程》关于断路器试验相关标准，真空度应符合制造厂规定值。我国部标（JB）技术中规定真空压强的允许最大值为 1.33×10^{-2}Pa，国标（GB）中为 6.6×10^{-2}Pa。

（2）试验结果分析。

1）测量前应先仔细检查真空灭弧室外观，如有破损不必做其他试验，应立即更换。

2）真空度测量虽良好但工频耐压没通过的灭弧室必须更换；工频耐压通过但真空度不合格的灭弧室也必须更换；耐压通过，真空度合格，但真空度下降较快的要加强检测。

3）真空度测试仪受测量范围限制（1×10^{-1}～1×10^{-5}Pa），超出测量范围，真空度测试仪所依赖的离子电流与残余气体密度即真空度近似成比例的关系有所变化，不能保证试验结果的准确性。

注：真空度测量为推荐试验项目。

（3）试验报告编写。编写报告时项目要齐全，包括试验人员、天气情况、环境温度、湿度、设备运行编号（双重编号）、设备参数、试验性质（交接、检查、例行、诊断）、试验结果、试验结论、试验仪器名称型号及出厂编号，备注栏应写明其他需要注意的内容，如是否拆除引线等。

模块6 真空断路器交流耐压试验

一、试验目的

（1）交流耐压试验的电压、波形、频率在被试品绝缘内的分布，一般与实际运行相吻合，因而能较有效地发现绝缘缺陷。交流耐压试验应在被试品的非破坏性试验均合格之后才能进行。如果这些非破坏性试验已经发现绝缘缺陷，则应设法消除，并重新试验合格后才能进行交流耐压试验。

（2）交流耐压试验是鉴定设备绝缘强度最有效和最直接的试验项目，对断路器进行耐压试验的目的是为了检查断路器的安装质量，考核断路器的绝缘强度。

二、适用范围

交接试验、例行试验、诊断性试验。

三、试验准备

（1）了解被试设备的情况及现场试验条件。勘查现场，查阅断路器相关的出厂技术资料，包括历年试验数据及相关规程，掌握设备运行状况及缺陷情况。

（2）试验仪器、设备的准备。试验所用仪器仪表：合适的成套交流耐压装置（分压器、电源盘、测试线箱、工具箱）、保证仪器在校验有效期内，具有校验报告且状况良好。

工器具及材料：放电棒、接地线、验电器、湿（温）度计、安全带、安全帽、绝缘手套、安全围栏、标示牌等，并查阅安全工器具的检定证书有效期，保证工器具在校验有效期内。

（3）办理工作票并做好试验现场安全和技术措施。工作负责人向试验人员交代工作内容、带电部位、现场安全措施、现场作业危险点等，明确人员分工及试验程序，在工作票及作业指导书上签字确认。

四、试验仪器、设备的选择

设备选用具备过电压、过电流保护装置的成套交流耐压试验装置。

五、危险点分析与预控措施

（1）防止高处坠落。在试验接线过程中，使用梯子应有人扶持或绑牢。作业人员攀爬时需佩戴安全帽，穿胶鞋，系好安全带，安全带不准高挂低用，移动过程中不得失去安全带的保护。

（2）防止高处落物伤人。高处作业应使用工具袋，上下传递物件应使用绳索拴牢传递，严禁采用抛物形式传递工具；进入现场人员应该佩戴安全帽。

（3）防止工作人员触电。拆、接试验接线前，应将被试设备对地充分放电，在放电过程中，严禁人员触及设备金属部分，搬运仪器、工具、材料时与带电设备应保持足够的安全距离。测量引线要连接牢固，接线要正确无误，高压引线应尽量缩短，并采用专用的高压测试线，必要时用绝缘物支持牢固。在不拆开设备连线进行试验时，应防止试验电压经过设备连线引到其他设备上，造成其他人员触电。试验仪器的金属外壳应可靠接地。升压前应检查同一连线上的非被试设备上是否有人工作，并有人进行监护。

（4）作业区内装设遮栏（围栏），禁止非作业人员进入。试验现场应装设绝缘围栏和安全警示标示牌，并安排专人进行监护。试验工作中途停止且工作人员离开现场时，在离开前应断开试验电源，防止他人合闸时试验设备带电，工作恢复前，应该重新检查试验接线。

六、试验接线

断口耐压试验时，断路器分闸状态，动触头端三相短路加压，静触头短接接地，外壳接地；整体对地耐压试验时，断路器合闸状态，三相短接加压，外壳接地；相间耐压试验时，断路器合闸状态，B 相加压，A、C 相及外壳接地。真空断路器交流耐压试验接线图如图 3－6 所示。

七、试验步骤

断开断路器的外侧电源开关，将被试断路器接地放电，拆除或者断开断路器对外的一切连线并测量绝缘电阻应该正常；验证确无电压，且测量断路器绝缘电阻应正常：

（1）断路器相对地交流耐压试验，如图 3－6 所示。

1）首先将断路器外壳接地。

2）按照试验接线图 3－6（a）图进行接线，将断路器上部 A、B、C 端口短接起来，另一端接到试验变压器上，复查试验接线是否正确。

3）检查开关是否在合闸状态，若不是手动将其合上。

4）在确保调压器在零位的情况下才能升高电压；被试品加压时，必须保证所有人员离开试验现场；试验负责人检查所有措施无误后，方可开始进行升压操作。

5）启动电源，打开电源开关（在操作之前，首先要按警铃，使警铃长响）。

6）先按前级合闸，后按后级合闸。

7）按下升压键进行升压。注意：升压必须从零（或接近于零）开始，切不可冲击合闸。升压速度在 75%前可以是任意的，75%以后应均匀升压，约为每秒 2%试验电压的速率升压，升压过程中应密切监视高压回路，监视被试品有何异响，如出现冒烟、出气、焦臭、闪络、燃烧或发出击穿响声，应立即停止升压，降压停电后查明原因。

8）升到试验电压，开始计时并读取试验电压，耐压 1min。耐压计时 1min 后降压到零（或 1/3 试验电压以下），降压时迅速均匀降压到零。

9）降压完毕后，关闭电源，切断电源刀闸。用放电棒放电后，挂接地线，拆除被试品高压端接线。

10）再次测量绝缘电阻，其值应无明显变化（一般绝缘电阻下降应小于 30%）。

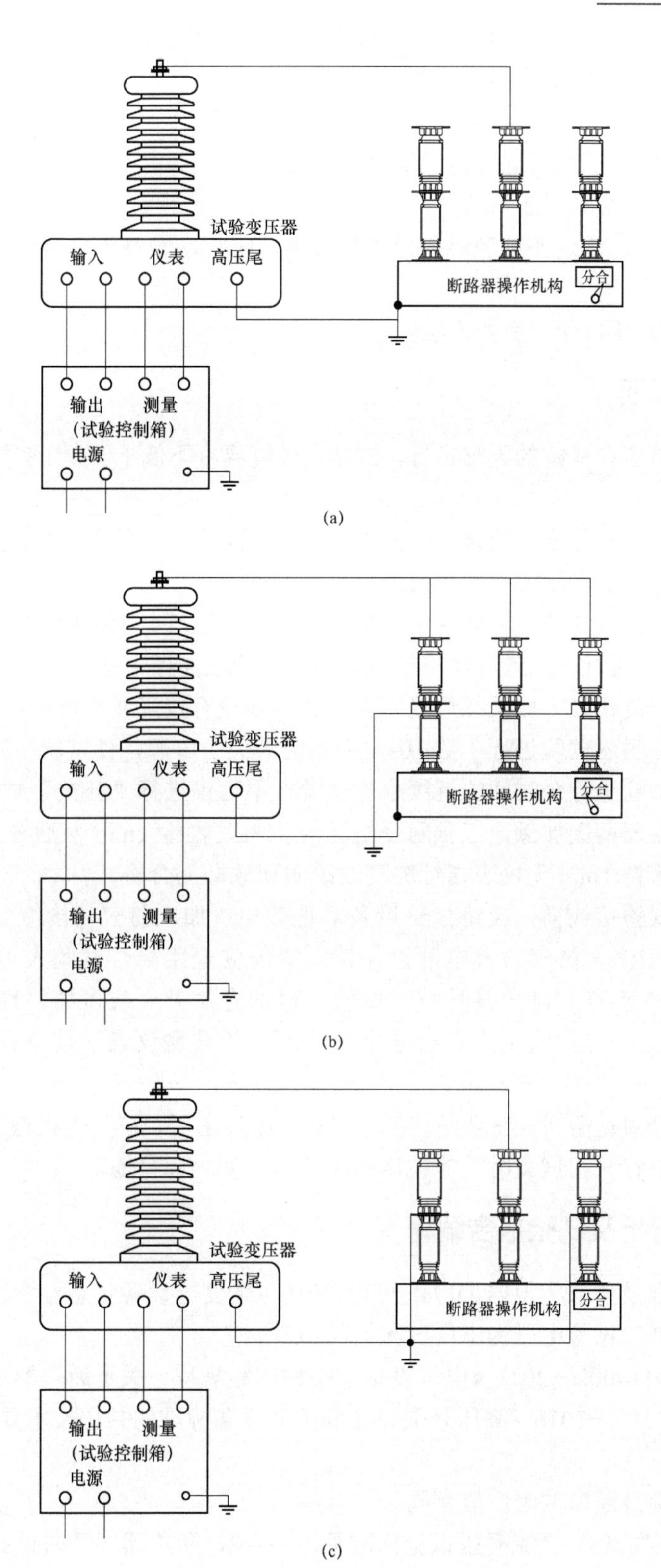

图 3-6 真空断路器交流耐压试验接线图

(a) 相对地（合闸）耐压试验接线图；(b) 断口间（分闸）耐压试验接线图；(c) 相间耐压试验接线图

（2）断路器的断口间交流耐压试验。

1）将断路器下部A、B、C端口端接起来接地。

2）断路器分闸后，加压进行耐压试验，后面方法同上。

（3）断路器相间交流耐压试验。

1）将断路器A、C两相动静触头短接后接地，B相动静触头短接后接于试验变压器的高压端。

2）加压进行耐压试验，后面方法同上。

八、试验注意事项

（1）户外试验应在良好的天气进行，试品及环境温度不低于5℃且空气相对湿度一般不高于80%。

（2）被试品应与其他设备断开，且断开口按所加试验电压保持足够的安全距离，由于电压较高，附近可能感应电压的设备也要做好安全措施。

（3）必须在被试设备的非破坏性试验都合格后才能进行此项试验，如果有缺陷（例如受潮），应排除缺陷后进行。测量时需将被试设备的绝缘表面擦干净。

（4）旋动调压旋钮时，如果红灯没有灭，说明线没有接好或者调压器回零时不到位。

（5）有时工频耐压试验进行了数10s，中途因故失去电源，使试验中断，在查明原因，恢复电源后，应重新进行全时间的持续耐压试验，不可仅进行“补充”时间的试验。

（6）真空断路器两端加额定工频耐受电压的70%，稳定1min然后在1min内升至额定工频耐受电压，保持1min无仪表指针突变及跳闸现象即为合格。

（7）拆、接试验接线前，应将被试设备对地放电。加压前应与检修负责人协调，不允许有交叉作业。工作人员应与带电部位保持足够的安全距离，试验人员之间应口号联系清楚，加压过程中应有人监护并呼唱。试验仪器的金属外壳应可靠接地，一起操作人员必须站在绝缘垫上，防止发生人身触电事故，所有的被测仪表，被测开关的接地线必须可靠接地。

（8）导电部分对地耐压，在合闸状态下进行；断口耐压，在分闸状态下进行；若三相在同一箱体中，在进行一相试验时，非被试验相应与外壳一起接地。

九、试验结果分析及试验报告编写

（1）试验标准及要求。根据DL/T 393—2010《输变电设备状态检修试验规程》关于断路器试验相关标准，试验电压为出厂试验值的100%。

根据Q/CSG 114002—2011《电气设备预防性试验规程》关于断路器试验相关标准，试验电压值按DL/T 593—2016《高压开关设备和控制设备标准的共用技术要求》规定值的0.8倍。

相间、相对地及断口的耐压值相同。

断路器（交接试验）交流耐压试验标准见表3－2，断路器（预防试验）交流耐压试验标准见表3－3。

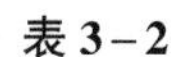

表 3－2　　断路器（交接试验）交流耐压试验标准　　kV

额定电压	最高工作电压	1min 工频耐受电压峰值		
		相对地	相间	断路器断口
6	7.2	32	32	32
10	12	42	42	42

表 3－3　　断路器（预防试验）交流耐压试验标准　　kV

额定电压	最高工作电压	1min 工频耐受电压峰值		
		相对地	相间	断路器断口
6	7.2	30	30	30
10	12	42	42	42

（2）试验结果分析。

1）在升压和耐压过程中，如发现电压表指针摆动很大，电流表指示急剧增加，调压器往上升方向调节，电流上升，电压基本不变甚至有下降趋势，被试品冒烟、出气、焦臭、闪络、燃烧或发出击穿响声（或断续放电声），应立即停止升压。降压停电后查明原因。这些现象如查明是绝缘部分出现的，则认为被试品交流耐压试验不合格。

2）试验结果应根据试验中有无发生破坏性放电、有无出现绝缘普遍或局部发热及耐压试验前后绝缘电阻是否有明显变化，进行全面分析。

3）试验过程中，若由于空气湿度、温度、表面脏污等原因影响，仅引起表面滑闪放电或空气放电，则不应认为断口绝缘不合格，需清洁、干燥处理后，再进行试验。

4）耐压试验结束后应立即触摸断路器加压的有机材料部分，如局部或普遍出现发热，则应视为有机材料绝缘不良。

5）对于个别老旧真空断路器真空灭弧室可见时，加压过程中应密切观察灭弧室状况，若出现光晕，应立即停止加压。

6）在真空断路器耐压试验过程中，如出现不明原因的放电导致保护跳闸，应重新加压。

7）压前后绝缘电阻不应下降 30%，否则就认为不合格。

（3）试验报告编写。编写报告时项目要齐全，包括试验人员、天气情况、环境温度、湿度、设备运行编号（双重编号）、设备参数、试验性质（交接、检查、例行、诊断）、试验结果、试验结论、试验仪器名称型号及出厂编号，备注栏应写明其他需要注意的内容，如是否拆除引线等。

真空断路器试验报告见表 3－4。

表 3－4　　真空断路器试验报告

真空断路器试验报告			
1. 真空断路器参数			
真空断路器型号		额定电压（kV）	
额定电流（A）		编号	
出厂日期		制造厂	

续表

2. 断路器绝缘电阻（MΩ）

试验项目	A 相		B 相		C 相	
	耐压前	耐压后	耐压前	耐压后	耐压前	耐压后
相对地（MΩ）						
断口间（MΩ）						
试验环境	环境温度： ℃			湿度： %		
试验设备	名称、规格、编号					
试验单位及人员：					试验日期：	

3. 导电回路电阻（μΩ）

相别	A 相	B 相		C 相
回路电阻（μΩ）				
试验环境	环境温度： ℃		湿度： %	
试验设备	名称、规格、编号			
试验单位及人员：				试验日期：

4. 真空断路器机械特性试验

试验项目	A 相	B 相		C 相
合闸时间				
合闸速度（m/s）				
分闸时间				
分闸速度（m/s）				
试验环境	环境温度： ℃		湿度： %	
试验设备	名称、规格、编号			
试验单位及人员：				试验日期：

5. 分、合闸电磁铁线圈的直流电阻和绝缘电阻

合闸接触器	直流电阻（Ω）			
	绝缘电阻（MΩ）			
分闸线圈	直流电阻（Ω）			
	绝缘电阻（MΩ）			
合闸线圈	直流电阻（Ω）			
	绝缘电阻（MΩ）			
试验环境	环境温度： ℃		湿度： %	
试验设备	名称、规格、编号			
试验单位及人员：				试验日期：

续表

<table>
<tr><td colspan="7">6. 真空断路器交流耐压试验</td></tr>
<tr><td colspan="2" rowspan="2">相别</td><td colspan="2">绝缘电阻（MΩ）</td><td rowspan="2">试验电压（kV）</td><td rowspan="2" colspan="2">试验时间（min）</td></tr>
<tr><td>耐压前</td><td>耐压后</td></tr>
<tr><td rowspan="3">A 相</td><td>断口间</td><td></td><td></td><td></td><td colspan="2"></td></tr>
<tr><td>相对地</td><td></td><td></td><td></td><td colspan="2"></td></tr>
<tr><td>相间</td><td></td><td></td><td></td><td colspan="2"></td></tr>
<tr><td rowspan="3">B 相</td><td>断口间</td><td></td><td></td><td></td><td colspan="2"></td></tr>
<tr><td>相对地</td><td></td><td></td><td></td><td colspan="2"></td></tr>
<tr><td>相间</td><td></td><td></td><td></td><td colspan="2"></td></tr>
<tr><td rowspan="3">C 相</td><td>断口间</td><td></td><td></td><td></td><td colspan="2"></td></tr>
<tr><td>相对地</td><td></td><td></td><td></td><td colspan="2"></td></tr>
<tr><td>相间</td><td></td><td></td><td></td><td colspan="2"></td></tr>
<tr><td colspan="2">试验环境</td><td colspan="3">环境温度：　　℃</td><td colspan="2">湿度：　　%</td></tr>
<tr><td colspan="2">试验设备</td><td colspan="5">名称、规格、编号</td></tr>
<tr><td colspan="6">试验单位及人员：</td><td>试验日期：</td></tr>
<tr><td colspan="7">7. 真空断路器试验总结论</td></tr>
<tr><td colspan="7">结论：</td></tr>
<tr><td colspan="6">审核单位及人员：</td><td>日期：</td></tr>
</table>

第四章

隔离开关试验

模块1　隔离开关绝缘电阻测量

一、试验目的

（1）检查隔离开关是否存在绝缘整体受潮、脏污、贯穿性缺陷；

（2）检查隔离开关是否存在绝缘击穿和严重过热老化等缺陷。

二、适用范围

交接、预试、例行、诊断性试验。

三、试验准备

（1）了解被试设备的情况及现场试验条件。查勘现场，查阅相关技术资料，包括历年试验数据及相关规程，掌握设备运行及缺陷情况，确保所用试验设备功能正常，并在校验的有效周期内。

（2）试验仪器、设备的准备。试验所用仪器仪表：绝缘电阻测量仪，查阅试验仪器检定证书有效期，保证仪器在校验有效期内，具有校验报告且状况良好。

工器具及材料：温（湿）度计、接地线、放电棒、安全带、安全帽、安全围栏、标示牌、梯子等，并查阅绝缘工器具的检定证书有效期，保证工器具在校验有效期内。

（3）办理工作票并做好试验现场安全和技术措施。工作负责人向试验人员交代工作内容、现场安全措施、现场作业危险点等，明确人员分工及试验程序。

四、试验仪器、设备的选择

绝缘电阻测量仪。

五、危险点分析与预控措施

（1）防止高处坠落。作业人员攀爬隔离开关时需佩戴安全帽，穿胶鞋，系好安全带，安全带不准高挂低用，移动过程中不得失去安全带的保护。

（2）防止高处落物伤人。高处作业应使用工具袋，上下传递物件应使用绳索拴牢传递，严禁采用抛物形式传递工具。进入现场人员应该佩戴安全帽。

（3）防止工作人员触电。拆、接试验接线前，应将被试设备对地充分放电，在放电过程中，严禁人员触及设备金属部分，搬运仪器、工具、材料时与带电设备应保持足够的安全距离。测量引线要连接牢固，接线要正确无误，高压引线应尽量缩短，并采用专用的高压测试线，必要时用绝缘物支持牢固。在不拆开设备连线进行试验时，应防止试验电压经过设备连线引到其他设备上，造成其他人员触电。试验仪器的金属外壳应可靠接地；升压前应检查同一连线上的非被试设备上是否有人工作，并有人进行监护。

（4）作业区内装设遮栏（围栏），禁止非作业人员进入。试验现场应装设绝缘围栏和安全警示标示牌，并安排专人进行监护。试验工作中途停止且工作人员离开现场时，在离开前应断开试验电源，防止他人合闸时试验设备带电，工作恢复前，应该重新检查试验接线。

六、试验接线

断开隔离开关对外的一切接线，将绝缘电阻表的接地端与隔离开关的接地端连接，将绝缘电阻表 L 端接到隔离开关的高压端（必要时接上屏蔽环）。隔离开关绝缘电阻试验接线图如图 4－1 所示。

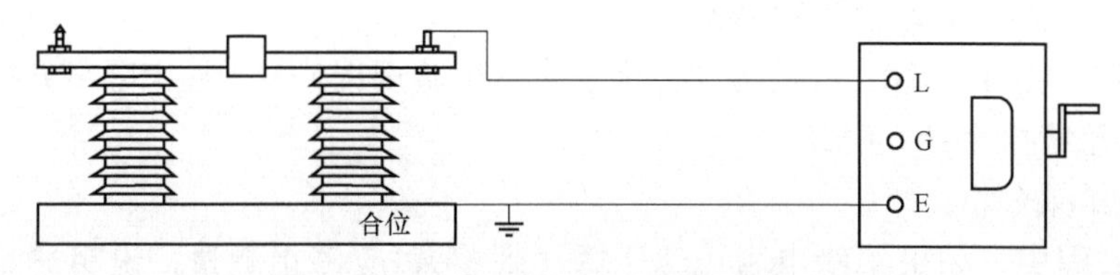

图 4－1　隔离开关绝缘电阻试验接线图

七、试验步骤

（1）拆除被试设备电源，断开隔离开关对外的一切接线，检查隔离开关的一次状态，保证其与带电设备有明显断开点，同时将被测隔离开关充分放电。

（2）选择合适位置，将绝缘电阻表水平放稳，试验前对绝缘电阻表本身进行检查，确保试验仪器状态良好（首先检查外观，应完好无损，然后进行设备检查，将兆欧表放平稳，打开电源，按“测试”键，此时兆欧表应指示为“0”；用导线短接“L”端和“E”端，按“测试”键，此时应指示为“0”，检查无误后方可使用）。

（3）将绝缘电阻表的 E 端与大地连接，将 L 端接到被试品的金属部分（必要时接上屏蔽环）。

（4）启动绝缘电阻表开始测量，记录 60s 时的测量值，同时记录试验时环境温度、湿度。

（5）断开绝缘电阻表“L”端与隔离开关金属导电端的连接，对隔离开关放电、接地。

（6）重复上述步骤，分别做 B 相和 C 相隔离开关的绝缘电阻测量试验并做好数据记录。

八、试验注意事项

（1）一般应在干燥、晴天、环境温度不低于+5℃时进行测量，在阴雨潮湿天气及湿度较大时应暂停测量。

（2）剩余电荷的存在会使测量数据虚假地增大或减小，要求在试验前先充分放电，地线应符合要求并接地良好。

（3）如果试验环境湿度较大，瓷套管表面泄漏较大时，可加等电位屏蔽线接于绝缘电阻表“G”端，屏蔽环可用软裸线在瓷套管靠近接线端子部位缠绕几圈（但不能碰上）。

（4）为防止接线因绝缘不良造成测量误差，绝缘电阻表连接线应用绝缘良好的单支多股专用软线，不得使用裸导线、单股绝缘硬导线、双股并行线和绞线，且测量时两根线不要绞在一起，并尽可能短些，以免引起测量误差。

（5）测量过程中禁止他人接近被测设备，将测试线与试品相连，辅助人员必须戴绝缘手套。

（6）当测量完成时，仪器需要一段时间对被试品放电，操作人员在接触测试线之间必须检查放电是否完成。

九、试验结果分析及试验报告编写

（1）试验标准及要求。根据Q/CSG 114002—2011《电气设备预防性试验规程》关于断路器试验相关标准，额定电压3～15kV的隔离开关有机材料支持绝缘子及提升杆的绝缘电阻大修后≥1000MΩ，运行中≥300MΩ。

根据Q/GDW 1643—2015《配网设备状态检修试验规程》关于柱上隔离开关例行试验项目规定，20℃绝缘电阻≥300MΩ。

（2）试验结果分析。

1）测量过程中，如果绝缘电阻迅速下降（到零），应停止测量，说明被测设备有短路现象。

2）一般情况下，绝缘电阻随温度升高而降低。

3）如果发现绝缘电阻偏低，可能是表面潮湿，这时候应该加屏蔽线。

（3）试验报告编写。编写报告时项目要齐全，包括试验人员、天气情况、环境温度、湿度、设备运行编号（双重编号）、设备参数、试验性质（交接、检查、例行、诊断）、试验结果、试验结论、试验仪器名称型号及出厂编号，备注栏应写明其他需要注意的内容，如是否拆除引线等。

模块2　隔离开关直流电阻测量

一、试验目的

（1）检查电气设备绕组或线圈的质量及回路的完整性；

（2）及时发现因制造不良或运行中因振动而产生的机械应力等原因所造成的导线断裂、接头开焊、接触不良等缺陷。

二、适用范围

交接、预试、大修、故障后。

三、试验准备

（1）了解被试设备的情况及现场试验条件。查勘现场试验设备，包括历年试验数据、检修运行情况，掌握设备运行及缺陷情况；查阅相关技术资料，保证试验项目符合相关规程、规定、规范。

（2）试验仪器、设备的准备。试验所用仪器仪表：回路（直流）电阻测试仪。

工器具及材料：温（湿）度计、接地线、放电棒、万用表、电源盘（带漏电保护器）、安全带、安全帽、电工常用工具、绝缘遮栏、标示牌等，并查阅绝缘工器具的检定证书有效期，保证工器具在校验有效期内。

（3）办理工作票并做好试验现场安全和技术措施。工作负责人向试验人员交代工作内容、现场安全措施、现场作业危险点等，明确人员分工及试验程序。作业人员必须经过专业及安全培训，并经考试合格。

四、试验仪器、设备的选择

采用回路（直流）电阻测试仪压降法测量，输出电流不小于 100A，且要求仪器必须具备较强抗感应电能力；测量精度不小于 1.0 级，分辨率不小于 1μΩ，读数稳定且重复性好。

五、危险点分析与预控措施

（1）防止高处坠落。作业人员攀爬时需佩戴安全帽，穿胶鞋，系好安全带，安全带不准高挂抵用，移动过程中不得失去安全带的保护。

（2）防止高处落物伤人。高处作业应使用工具袋，上下传递物件应使用绳索拴牢传递，严禁采用抛物形式传递工具。进入现场人员应该佩戴安全帽。

（3）防止工作人员触电。拆、接试验接线前，应将被试设备对地充分放电，在放电过程中，严禁人员触及设备金属部分，搬运仪器、工具、材料时与带电设备应保持足够的安全距离。测量引线要连接牢固，接线要正确无误，高压引线应尽量缩短，并采用专用的高压测试线，必要时用绝缘物支持牢固。在不拆开设备连线进行试验时，应防止试验电压经过设备连线引到其他设备上，造成其他人员触电。试验仪器的金属外壳应可靠接地。升压前应检查同一连线上的非被试设备上是否有人工作，并有人进行监护。

（4）作业区内装设遮栏（围栏），禁止非作业人员进入。试验现场应装设绝缘围栏和安全警示标示牌，并安排专人进行监护。试验工作中途停止且工作人员离开现场时，在离开前应断开试验电源，防止他人合闸时试验设备带电，工作恢复前，应该重新检查试验接线。

六、试验接线

隔离开关回路电阻试验接线图如图 4－2 所示。将隔离开关合闸后断开电源，将专用测试线按照颜色红对红，黑对黑，粗的电流线接到对应的 I+、I－接线柱，细的电源线插入到 V+、V－的插座内，两把夹钳夹住被测试品的两端。

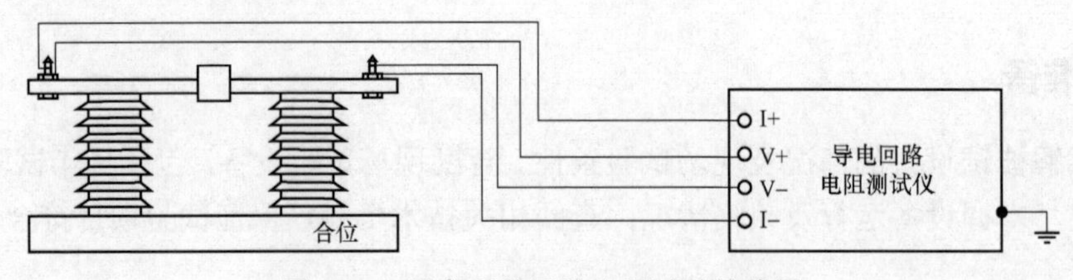

图 4－2　隔离开关回路电阻试验接线图

七、试验步骤

（1）导电回路电阻测量应在合上隔离开关状态下进行，将隔离开关进行电动合闸（全电压）后通知运行人员断开控制回路电源。

（2）将隔离开关擦拭干净，用于消除隔离开关导体表面的污物或氧化层。

（3）将测试仪可靠接地，先接接地端再接仪器端。

（4）进行试验接线（按四端子接法接线，将电压、电流线分别插入仪器的 V+、V－和 I+、I－两端），电流线（粗线）和电压线（细线）接在一个钳子上，电流与电压必须同极性，两个钳子分别夹在隔离开关进出线处。

（5）复查试验接线是否正确。要求粗的电流线接在外侧，细的电压线接在内侧，接线接触紧密良好，无松动。

（6）接通仪器电源，调节“电流调节”旋钮，使电流升至 100.0A，按下“复位/测试”键，此时电阻表显示值为所测的回路电阻值，做好数据记录。

（7）按下返回键，待仪器放电完毕后断开电源，注意：首先要断开仪器总电源。

（8）用同样的方法测量 B、C 相的回路电阻，并填写试验数据。

（9）测量完成后，关闭试验仪器，断掉试验电源，拆除试验测试线，将隔离开关恢复到原来的状态。

八、试验注意事项

（1）被试隔离开关不允许带电（带电易烧毁仪器），为保证试验人员和设备的安全，隔离开关的操作控制电源应断开，以防由于干扰或误碰控制键使隔离开关误动合闸。

（2）在没有完成全部接线时，不允许在测试回路开路的情况下通电，否则会损坏仪器。

（3）测量时电压线夹一定要放在电流钳内侧，否则测量结果不真实；电压线和电流线不要缠绕在一起，相互间尽量远离；电压线要接在断口的触头处，电流线应接在电压线的外侧；电流线应使用仪器专用测试线，不得随意更换。

（4）测量过程中，复位前不得拆除电流端子夹具，防止电弧伤人。

（5）接线钳的所有连接面应该与试品可靠接触，避免引线和接触方式的影响。

（6）仪器不使用时应置于通风、干燥、阴凉、清洁处保存，注意防潮、防腐蚀性的气体。

九、试验结果分析及试验报告编写

（1）试验标准及要求。根据 Q/GDW 1643—2015《配网设备状态检修试验规程》关于柱上隔离开关例行试验项目规定，其值应符合制造厂规定，且不大于制造厂规定值（注意值）的 1.5 倍。

（2）试验结果分析。

1）试验结果除应与初始值比较，不应超过产品技术条件规定值的 1.2 倍。

2）试验结果还应与同类设备、同设备的不同相间进行比较，观察其发展趋势。

3）当红外热像显示断口温度异常、相间温差异常，或自上次试验之后又有 100 次以上分、合闸操作，也应进行本项目。

4）断路器触头接触电阻上升的原因一般有触头表面氧化、触头间残存有机械杂物、触头接触压力不够、触头有效接触面积减小（如触头调整不当）等。

5）如果测量电流不是 100.0A，例如为 I_0，电阻表显示为 R_0，则实际电阻值为 $R=100\times$（$R_0\div I_0$）μΩ。

（3）试验报告编写。编写报告时项目要齐全，包括试验人员、天气情况、环境温度、湿度、设备运行编号（双重编号）、设备参数、试验性质（交接、检查、例行、诊断）、试验结果、试验结论、试验仪器名称型号及出厂编号，备注栏应写明其他需要注意的内容，如是否拆除引线等。

模块 3　隔离开关交流耐压试验

一、试验目的

（1）考验被试品绝缘承受各种过电压能力，检查隔离开关绝缘强度；

（2）检查隔离开关是否存在绝缘缺陷，特别是局部缺陷。

二、适用范围

交接、大修后及必要时。

三、试验准备

（1）了解被试设备现场情况及试验条件。查勘现场，查阅相关技术资料，包括该设备历年试验数据及相关规程等，掌握该设备运行及缺陷情况。

（2）试验仪器、设备的准备。试验所用仪器仪表：成套交流耐压试验装置，查阅试验仪器检定证书有效期、相关技术资料、相关规程等，保证仪器在校验有效期内，具有校验报告且状况良好。

工器具及材料：温（湿）度计、接地线、放电棒、验电器、电源盘（带漏电保护器）、安全带、安全帽、绝缘手套、梯子、试验临时安全遮栏、标示牌等，并查阅绝缘工器具的检定证书有效期，保证工器具在校验有效期内。

（3）办理工作票并做好试验现场安全和技术措施。工作负责人向试验人员交代工作内容、带电部位、现场安全措施、现场作业危险点等，明确人员分工及试验程序。

四、试验仪器、设备的选择

成套交流耐压试验装置，包括工频试验变压器、高压试验控制箱、保护球隙、保护电阻器、分压器、电压表、绝缘电阻表、测试线（夹）等。

五、危险点分析与预控措施

（1）防止高处落物伤人。作业人员攀爬时需佩戴安全帽，穿胶鞋，系好安全带。安全带不准高挂低用，移动过程中不得失去安全带的保护。高处作业应使用工具袋，上下传递物件应使用绳索拴牢传递，严禁采用抛物形式传递工具。进入现场人员应该佩戴安全帽。

（2）防止工作人员触电。拆、接试验接线前，应将被试设备对地充分放电。在放电过程中，严禁人员触及设备金属部分，搬运仪器、工具、材料时与带电设备应保持足够的安全距离。测量引线要连接牢固，接线要正确无误，高压引线应尽量缩短，并采用专用的高压测试线，必要时用绝缘物支持牢固。在不拆开设备连线进行试验时，应防止试验电压经过设备连线引到其他设备上，造成其他人员触电。试验仪器的金属外壳应可靠接地。升压前应检查同一连线上的非被试设备上是否有人工作，并有人进行监护。

（3）作业区内装设遮栏（围栏），禁止非作业人员进入。试验现场应装设绝缘围栏和安全警示标示牌，并安排专人进行监护。试验工作中途停止且工作人员离开现场时，在离开前应断开试验电源，防止他人合闸时试验设备带电，工作恢复前，应该重新检查试验接线。

六、试验接线

隔离开关交流耐压试验接线图如图4－3所示。

隔离开关相对地交流耐压试验时，将隔离开关合上，假设做A相时，B、C两相短接接地。将高压测试线接在A相，然后升压至试验电压，耐压一分钟。B、C两相试验方法相同。

隔离开关断口交流耐压试验时，将隔离开关分断，将上断口A、B、C三相短接在一起接至高压试验端，然后将下断口短接接地，升压至试验电压耐压1min。

七、试验步骤

（1）隔离开关相对相及地交流耐压试验。

1）断开被试品的电源，拆除或断开对外的一切连线，并将其接地进行放电。

2）用干燥清洁柔软的布擦去被试品表面的污垢，必要时可先用汽油或其他适当的去垢剂洗净套管表面的积垢。

3）测量隔离开关对地的绝缘电阻值。

4）用绝缘导线将升压变压器，调压器，电压表，电流表按接线图进行正确连接，检查试验接线正确、调压器零位后，不接试品进行升压，试验过电压保护装置是否正常。

5）断开试验电源，降低电压为零，按照图4－3（a）进行试验接线，将高压引线接上隔离开关导电端（进行一相交流耐压试验，其他两相需短路接地），接通电源，开始升压进行试验。

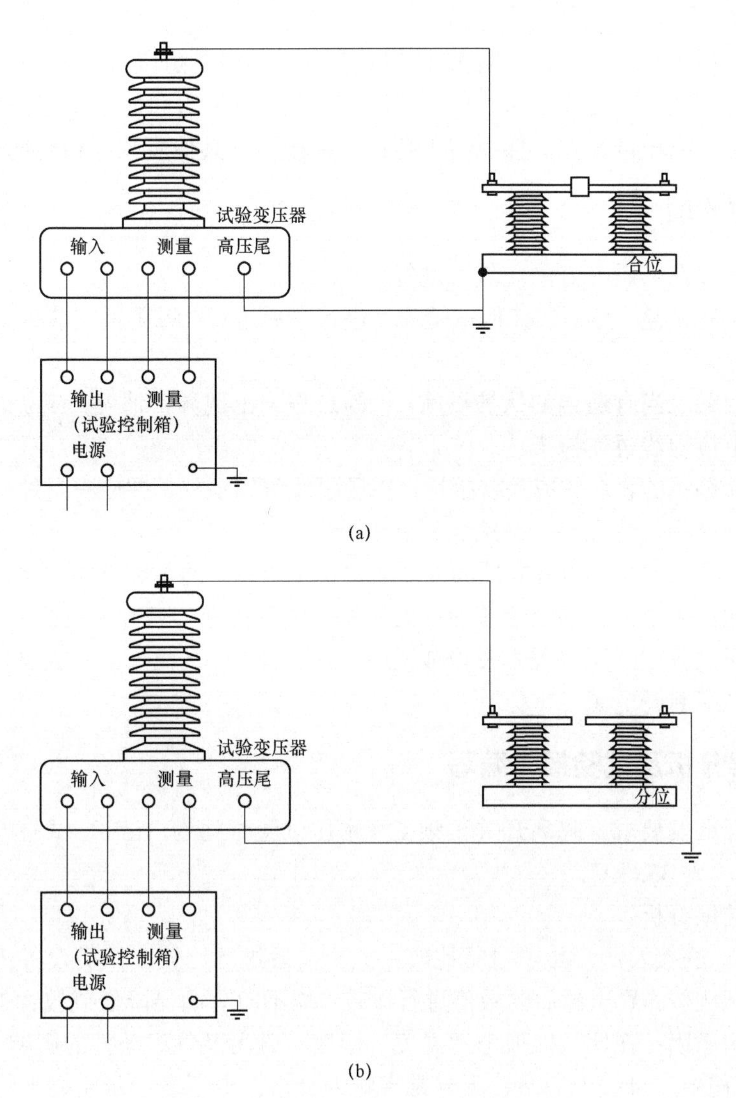

图 4-3　隔离开关交流耐压试验接线图
（a）隔离开关相对地交流耐压试验接线图；（b）隔离开关断口间交流耐压试验接线图

6）升压必须从零（或接近零）开始，切记不可冲击合闸；升压速度在 75%试验电压以前可以任意，自 75%电压开始均匀升压，约为每秒 2%试验电压的速率升压，加到试验电压时开始计时。

7）升压过程中密切监视高压回路和仪表指示，始终注意观察表计指示变化、试验控制回路动作情况，并注意监听设备有无异常声音，是否发生击穿声响；外部有无闪络放电、冒火焦臭等异常情况。如发现以上异常情况应迅速降压，并断开电源停止试验，查明原因后再进行试验。

8）升至试验电压，开始计时并读取试验电压，稳定计时 1min 后迅速逆时针旋转调压器调压旋钮至零位，降压到零，按分闸键，此时分闸指示灯亮，合闸指示灯灭。然后切断外部电源，放电，挂接地线，拆除试验接线，试验结束。

9）测量被试验相交流耐压试验后的绝缘电阻值。

10）重复上述步骤，分别做 B 相和 C 相隔离开关的交流耐压试验。

（2）隔离开关断口间交流耐压试验。将隔离开关打在断开位置，将上断口 A、B、C 三相短接在一起接至高压试验端，然后将下断口短接接地，其他步骤同相对地交流耐压试验。

八、试验注意事项

（1）试验应该在干燥良好的天气下进行。

（2）交流耐压试验，必须在其他试验项目进行之后进行；耐压试验前后均应测量被试品的绝缘电阻。

（3）试验回路应当有适当的保护设施。试验过程若出现异常情况，应立即先降压，后断开电源，并挂上接地线再作检查。

（4）被试品和试验设备，应妥善接地，高压引线可用裸线，并应有足够机械强度，所有支撑或牵引的绝缘物，也应有足够绝缘和机械强度。

（5）交流耐压试验时，所有非试验人员应退出配电室，通往邻近高压室门闭锁，而后方可加压。母线通至外部的穿墙套管等加压处应做好安全措施，派专人监护。

（6）在加压过程或耐压过程中发现被试品过热、击穿、闪络、异常放电声、电压表指针大幅摆动，应立即断开电源。

九、试验结果分析及试验报告编写

（1）试验标准及要求。隔离开关工频交流耐压试验时间为 1min，试验电压交接大修后为 42kV，运行中为 33.6kV。

（2）试验结果分析。

1）与出厂、交接及历年数值进行比较；大修前后进行比较；同类设备相互比较；同一设备各相间相互比较；耐压前后的数值进行比较，均不应有明显降低或较大差别，否则必须引起注意，查明原因；在比较时要考虑温度、湿度、脏污及气候条件的影响。

2）耐压过程中，母线无闪络、无异常声响为合格；电压表指示明显下降，说明被试品击穿。被试品发出击穿响声、持续放电声、冒烟、闪弧、燃烧等异常现象，如果排除其他因素则认为被试品存在缺陷或击穿。

3）对夹层绝缘或有机绝缘材料的被试品，如果耐后绝缘电阻比耐前下降 30%，则检查该被试品是否合格。

4）试验过程中，若因空气湿度、温度、表面脏污等，引起被试品表面或空气放电，应经清洁、干燥处理后再进行试验。

5）耐压试验前后，绝缘电阻测量应无明显变化。

（3）试验报告编写。编写报告时项目要齐全，包括试验人员、天气情况、环境温度、湿度、设备运行编号（双重编号）、设备参数、试验性质（交接、检查、例行、诊断）、试验结果、试验结论、试验仪器名称型号及出厂编号，备注栏应写明其他需要注意的内容，如是否拆除引线等。

隔离开关试验报告见表 4-1。

表 4－1　　　　隔 离 开 关 试 验 报 告

隔离开关试验报告

设备名称：

1. 设备参数

型号		额定电压（kV）	
出厂日期		制造厂	

2. 隔离开关绝缘电阻（MΩ）

隔离开关相别	绝缘电阻（MΩ）		绝缘电阻（MΩ）		绝缘电阻（MΩ）	
	耐压前	耐压后	耐压前	耐压后	耐压前	耐压后
A 相						
B 相						
C 相						
试验环境	环境温度：　　℃			湿度：　　%		
试验设备	名称、规格、编号					
试验单位及人员：					试验日期：	

4. 隔离开关导电回路电阻（μΩ）

相别	A 相	B 相	C 相
回路电阻（μΩ）			
试验环境	环境温度：　　℃	湿度：　　%	
试验设备	名称、规格、编号		
试验单位及人员：			试验日期：

5. 隔离开关交流耐压试验

相别	绝缘电阻（MΩ）		试验电压（kV）	试验时间（min）
	试验前	试验后		
A 相				
B 相				
C 相				

备注：

试验环境	环境温度：　　℃	湿度：　　%
试验设备	名称、规格、编号	
试验单位及人员：		试验日期：

6. 隔离开关试验总结论

结论：

审核单位及人员：	日期：

第五章

10kV 电容器试验

模块1 电容器绝缘电阻测量

一、试验目的

（1）发现电容器由于油箱焊缝和套管处焊接工艺不良，密封不严造成绝缘能力降低的故障；

（2）发现电容器高压套管受潮及缺陷。

二、适用范围

交接、预试、大修、调换分接开关后、故障后。

三、试验准备

（1）了解被试设备现场情况及试验条件。查勘现场，查阅相关技术资料，包括该设备出厂试验数据、历年试验数据及相关规程等，掌握该设备运行及缺陷情况。

（2）试验仪器、设备的准备。绝缘电阻表、测试线（夹）、温（湿）度计、接地线、放电棒、万用表、电源盘（带漏电保护器）、安全带、安全帽、电工常用工具、试验临时安全遮栏、标示牌等，并查阅试验仪器、设备及绝缘工器具的检定证书有效期。

（3）办理工作票并做好试验现场安全和技术措施。工作负责人向试验人员交代工作内容、带电部位、现场安全措施、现场作业危险点，明确人员分工及试验程序。

四、试验仪器、设备的选择

（1）绝缘电阻表。一般采用 2500V 绝缘电阻表，对耦合电容器小套管对地绝缘电阻采用 1000V 绝缘电阻表。

（2）采用负极性输出的绝缘电阻表。

五、危险点分析与预控措施

（1）防止高处坠落。试验人员在拆、接电容器一次引线时，必须系好安全带。使用梯子时，必须有人扶持或绑牢。

（2）防止高处落物伤人。高处作业应使用工具袋，上下传递物件应使用绳索拴牢传递，严禁抛掷。

（3）防止工作人员触电。拆、接试验接线前，应将被试设备对地充分放电，以防止剩余电荷、感应电压伤人及影响测量结果；为防止感应电压伤人，在拆除引线前电容器上应悬挂接地线，接引线时先在电容器上悬挂接地线；测量引线要连接牢固，试验仪器的金属外壳应可靠接地。

六、试验接线

（1）高压并联电容器两级对地绝缘电阻测量。高压并联电容器两级对地绝缘电阻测量接线图如图 5－1 所示，电容器两极之间用裸铜线短接后接绝缘电阻表的“L”端，电容器的外壳应可靠接地，绝缘电阻表的“E”端接地。

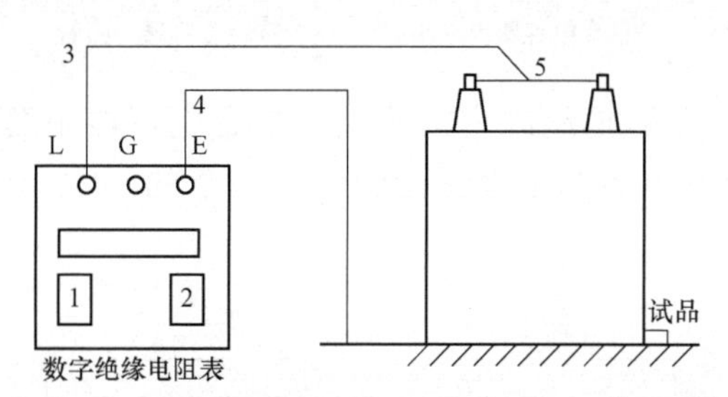

图 5－1　高压并联电容器两级对地绝缘电阻测量接线图

1—绝缘电阻表电源开关；2—绝缘电阻表高压输出测试开关；3—绝缘电阻表高压输出测试线；
4—绝缘电阻表接地极接地线；5—电容器两级短接线、高压输入端

（2）集合式高压并联电容器相间及对地绝缘电阻测量。集合式高压并联电容器相间及对地绝缘电阻测量接线图如图 5－2 所示，电容器各相极间应短接，测试相接绝缘电阻表的“L”端，非测试相接地，电容器的外壳应可靠接地，绝缘电阻表的“E”端接地。

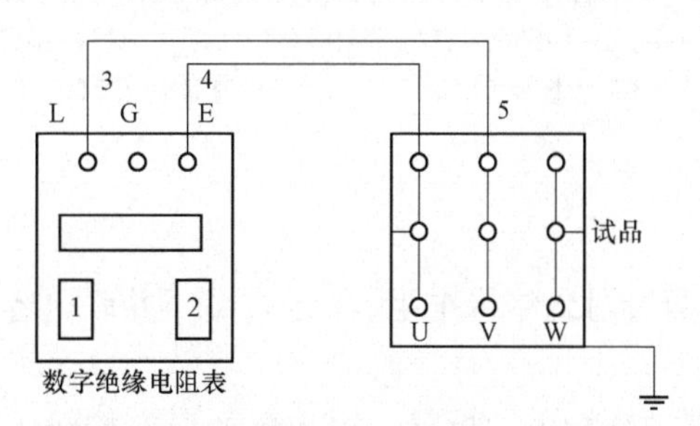

图 5－2　集合式高压并联电容器相间及对地绝缘电阻测量接线图

1—绝缘电阻表电源开关；2—绝缘电阻表高压输出测试开关；3—绝缘电阻表高压输出测试线；
4—绝缘电阻表接地极接地线；5—电容器级间短接线、高压输入端

（3）耦合电容器极间及小套管对地绝缘电阻测量。耦合电容器极间及小套管对地绝缘电阻测量接线图如图 5－3 所示，耦合电容器高压端接绝缘电阻表的“L”端，耦合电容器的下法兰和小套管接地，绝缘电阻表的“E”端接地。表面受潮或脏污时应在靠近耦合电容器高压端 1～2 瓷裙处加装屏蔽环，屏蔽环接绝缘电阻表的“G”端。

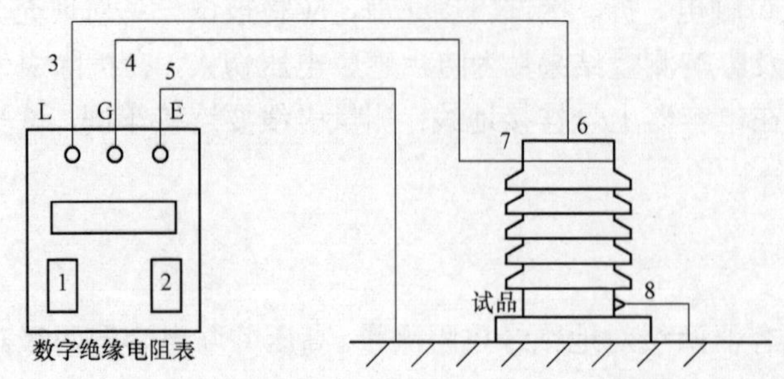

图 5-3　耦合电容器极间及小套管对地绝缘电阻测量接线图

1—绝缘电阻表电源开关；2—绝缘电阻表高压输出测试开关；3—绝缘电阻表高压输出测试线；4—绝缘电阻表屏蔽测试极；5—绝缘电阻表接地极接地线；6—耦合电容器高压测试线；7—耦合电容器屏蔽测试线；8—耦合电容器小套管

（4）耦合电容器小套管对地绝缘电阻测量。耦合电容器小套管对地绝缘电阻测量接线图如图 5-4 所示，耦合电容器小套管接绝缘电阻表的“L”端，耦合电容器的下法兰接地。

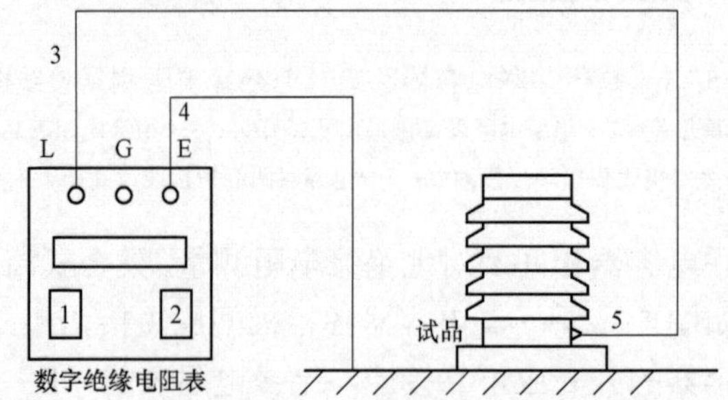

图 5-4　耦合电容器小套管对地绝缘电阻测量接线图

1—绝缘电阻表电源开关；2—绝缘电阻表高压输出测试开关；3—绝缘电阻表高压输出测试线；4—绝缘电阻表接地极接地线；5—耦合电容器小套管高压测试线

七、试验步骤

（1）高压并联电容器两级对地绝缘电阻、集合式高压并联电容器相间及对地绝缘电阻测量步骤。

1）对被试电容器进行充分放电，拆除与电容器的所有接线，清洁电容器套管。

2）将被试电容器极间短接，电容器外壳应可靠接地。

3）将绝缘电阻表的接地端与被试品的地线连接，绝缘电阻表的高压端接上测试线，测试线的另一端悬空（不接试品）。

4）试验接线经检查无误后，驱动绝缘电阻表达额定转速，将测试线搭上电容器的测试部位，读取 60s 绝缘电阻值，并做好记录。

5）读取绝缘电阻后，应先断开接至被试品高压端的连接线，再将绝缘电阻表停止运转，以免反充电而损坏绝缘电阻表。

6）对电容器测试部位充分放电并接地。

7）测量集合式高压并联电容器相间及对地绝缘电阻时，被试电容器 A、B、C 三相分别与绝缘电阻表的“L”端连接，非被试相及外壳可靠接地，按步骤 1）～6）进行测量，测量各相对地及相间绝缘电阻。

8）记录试验结果。

9）测量完毕后进行放电，恢复被试电容器至试验前状态，整理试验现场环境。

（2）耦合电容器极间及小套管对地绝缘电阻、耦合电容器小套管对地绝缘电阻测量步骤。

1）对被试电容器进行充分放电，拆除与电容器的所有接线，清洁电容器套管。

2）测量极间绝缘电阻时，法兰和小套管接地。

3）将绝缘电阻表的接地端与被试品的地线连接，绝缘电阻表的高压端接上测试线，测试线的另一端悬空（不接试品）。

4）试验接线经检查无误后，驱动绝缘电阻表达额定转速，将测试线搭上耦合电容器的测试部位，读取 60s 绝缘电阻值，并做好记录。

5）读取绝缘电阻后，应先断开接至被试品高压端的连接线，再将绝缘电阻表停止运转，以免反充电而损坏绝缘电阻表。

6）对电容器测试部位充分放电并接地。

7）测量小套管对地绝缘电阻时，应使用 1000V 绝缘电阻表，先拆除小套管的连接线，检查法兰是否接地，耦合电容器高压端不接地，按（2）中步骤 4）～6）进行测量。

8）记录试验结果。

9）测量完毕后进行放电，恢复被试电容器至试验前状态，整理试验现场环境。

八、试验注意事项

（1）为了克服测试线本身对地电阻的影响，绝缘电阻表的“L”端测试线应尽量使用屏蔽线，芯线与屏蔽层不应短接。在测量时，绝缘电阻表“L”端的测试线应使用绝缘棒与被试电容器连接。

（2）运行中的电容器，为克服残余电荷影响试验数据，测量前应充分放电。电容器不仅极间放电，极对地也要放电。并联电容器应从电极引出端直接放电，避免通过熔丝放电。

（3）放电时应使用放电棒，放电后再直接通过接地线接地放电。

（4）正确使用绝缘电阻表，注意操作程序，防止反充电。

（5）避免测量并联电容器极间绝缘电阻。因并联电容器极间电容较大，操作不当将造成人身和设备事故。

九、试验结果分析及试验报告编写

（1）试验标准及要求。高压并联电容器和集合式电容器绝缘电阻应大于或等于 2000MΩ，耦合电容器极间绝缘电阻大于或等于 5000MΩ；低压端对地绝缘电阻大于或等于 100MΩ。

（2）试验结果分析。电容器绝缘电阻值与出厂值和原始值比较不应有较大变化，同时试验数据应和同类型、同规格电容器比较，不应有较大差异。

电容量较大的电容器试验数据变化较大时，为克服残余电荷的影响，应检查测量前放电是否充分，必要时可放电 5min 以上，然后重新测量。

电容器电容量比较大时，充电时间比较长，测量时应读取 1min 或稳定后的数据，便于以后的分析比较。

高压并联电容器绝缘结构比较简单，双极对地电容较小，绝缘电阻能有效地反映瓷套管和极对壳的绝缘缺陷。实践证明，双极对地绝缘电阻低，大部分是电容器密封不严或不牢固使空气和水分以及杂质进入油箱内部，造成套管内部和油纸绝缘受潮使绝缘电阻降低。

耦合电容器极间绝缘缺陷，极间绝缘电阻的试验数据反映效果不显著。如果测得绝缘电阻很低，应结合其他试验参数综合分析判断。

（3）试验报告编写。编写报告时项目要齐全，包括试验人员、天气情况、环境温度、湿度、设备运行编号（双重编号）、设备参数、试验性质（交接、检查、例行、诊断）、试验结果、试验结论、试验仪器名称型号及出厂编号，备注栏应写明其他需要注意的内容，如是否拆除引线等。

模块 2　电容器极间电容量测量

一、试验目的

（1）检查电容器极间电容量；

（2）判断电容器内部浸渍剂的绝缘状况以及内部元件的连接状况是否良好。

二、适用范围

交接、预试、大修、故障后。

三、试验准备

（1）了解被试设备现场情况及试验条件。查勘现场，查阅相关技术资料，包括该设备出厂试验数据、历年试验数据及相关规程等，掌握该设备运行及缺陷情况。

（2）试验仪器、设备准备。电容表、电压表、电流表、自动抗干扰介质损耗测试仪、测试线（夹）、屏蔽线、温（湿）度计、接地线、放电棒、万用表、电源盘（带漏电保护器）、高空接线钳、梯子、安全带、安全帽、电工常用工具、试验临时安全遮栏、标示牌等，并查阅试验仪器、设备及绝缘工器具的检定证书有效期、相关技术资料、相关规程等。

（3）办理工作票并做好试验现场安全和技术措施。工作负责人向试验人员交代工作内容、带电部位、现场安全措施，现场作业危险点，明确人员分工及试验程序。

四、试验仪器、设备的选择

（1）电容表电量充足，电压表、电流表精确度不低于 0.5 级。

（2）自动抗干扰介质损耗测试仪，要求抗干扰能力强，精确度高、稳定性好。

五、危险点分析与预控措施

（1）防止高处坠落。试验人员在拆、接电容器一次引线时，必须系好安全带。使用梯子时，必须有人扶持或绑牢。

（2）防止高处落物伤人。高处作业应使用工具袋，上下传递物件应用绳索拴牢传递，严禁抛掷。

（3）防止工作人员触电。拆、接试验接线前，应将被试设备对地充分放电，以防止剩余电荷、感应电压伤人及影响测量结果；为防止感应电压伤人，在拆除引线前电容器上应悬挂接地线，接引线时先在电容器上悬挂接地线；测量引线要连接牢固，试验仪器的金属外壳应可靠接地。

（4）高压试验造成触电。试验区域设专用围栏，对外悬挂“止步，高压危险！”标示牌。加压时设专人监护并大声呼唱，试验人员应站在绝缘垫上，试验完毕对被试设备充分放电。

六、试验接线

（1）高压并联电容器极间电容量测量。高压并联电容器极间电容量测量接线图如图 5－5 所示，集合式高压并联电容器极间电容量测量接线图如图 5－6 所示。

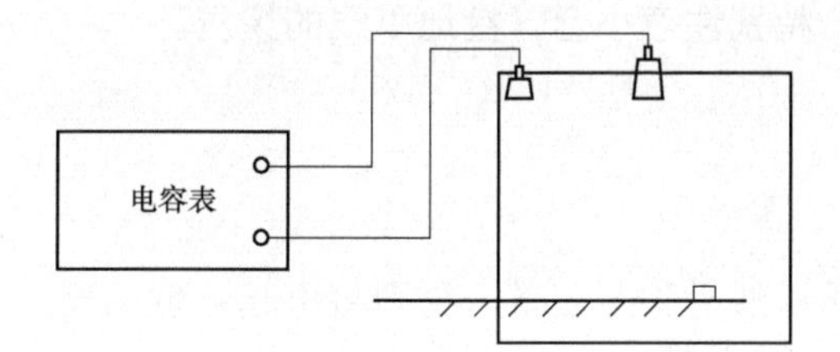

图 5－5　高压并联电容器极间电容量测量接线图

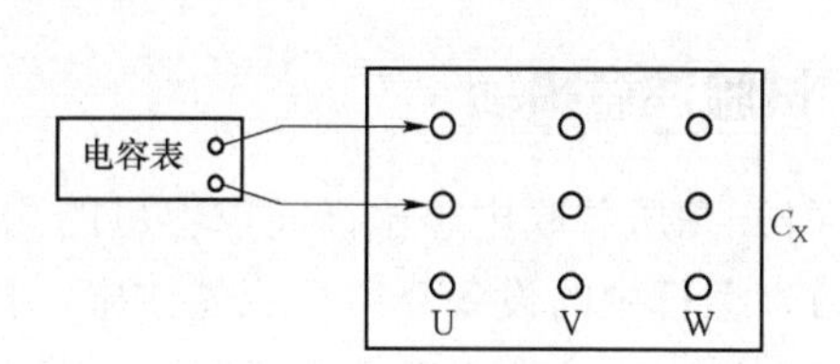

图 5－6　集合式高压并联电容器极间电容量测量接线图

（2）高压并联电容器极间电容量测量。耦合电容器电容量测量试验接线图如图 5－7 所示。

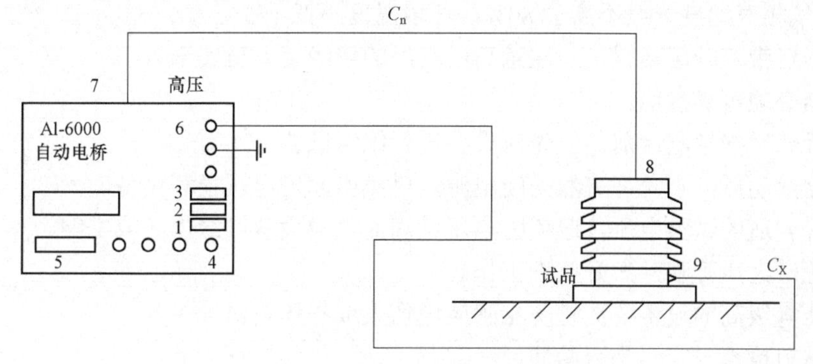

图 5－7　耦合电容器电容量测量试验接线图

1—电桥电源开关；2—电桥内高压允许开关；3—交流 220V 电源；4 —高压启动开关；5—显示屏；6—电桥 C_X 输出线；7—电桥高压输出线；8—耦合电容器高压输入端；9—耦合电容器末屏小套管信号线

七、试验步骤

（1）高压并联电容器极间电容量测量步骤。

1）对被试电容器进行充分放电并接地，拆除其所有接线和外部熔丝。

2）根据被试电容器的电容量，选择仪表电容量的挡位。测试线接在电容器两级，打开测试开关进行测量。

3）读取数据，进行记录。

（2）耦合电容器极间电容量测量步骤。

1）对被试耦合电容器进行充分放电并接地，拆除其对外所有一次连接线。

2）仪器接地端可靠接地，接好 C_X 测试线及 C_n 线。

3）被试耦合电容器法兰接地，打开低压电极小套管接地线并与电桥 C_X 端相连接，若被试品没有小套管，C_X 端与法兰连接并垫绝缘物。仪器高压引线（C_n 线）接至被试耦合电容器高压电极，取下接地线，检查接线无误后，通知其他人员远离被试品并监护。

4）合上试验电源，打开总电源开关和内高压允许开关，再通过控制面板设定好高压输出值及频率等相关参数。采用“正接线—变频—10kV”，设置完毕进行高声呼唱，按“启动”键进行测量。

5）测量过程中注意观察试验进度，随时警戒异常情况的发生。

6）仪器显示试验结果后，断开内高压允许开关，记录电容量及介质损耗数据并进行数据分析，断开总电源开关。

7）对被试品进行放电并接地，拆除测试线，特别注意小套管接地引线的恢复。

八、试验注意事项

（1）高压并联电容器极间电容量的测量。

1）运行中的设备停电后应先放电，再将高压引线拆除后测量，否则将引起测量误差。

2）进行电容器电容量测量时，尽量避免通过熔丝测量。

（2）耦合电容器极间电容量的测量。

1）测量应在良好的天气下进行，设备表面应清洁干燥，避免在湿度较大的情况下进行测量。且空气相对湿度一般不高于 80%，环境温度不低于 5℃。

2）仪器自带有升压装置，应注意高压引线的绝缘及人员安全。

3）仪器必须可靠接地。

4）进行介质损耗测量前，应先对设备进行绝缘试验。

5）仪器启动后，不允许突然关断电源，以免引起过电压损坏设备。

6）选择合适的试验电压，避免因电压过高而造成设备绝缘损坏或击穿。

7）加压时大声呼唱，做好监护工作。

8）电压等级高的设备要注意防止感应电伤人或损坏仪器。

9）测量前检查电容器是否漏油。

九、试验结果分析及试验报告编写

（1）试验标准及要求。

1）高压并联电容器和集合式电容器试验标准。电容值偏差不超出额定值的–5%～+10%范围，电容值不应小于出厂值的 95%。集合式电容器应符合以下要求：

a. 每相电容值偏差应在额定值的－5%～＋10%范围内，且电容值不小于出厂值的 96%。

b. 三相中每两线路端子间测得的电容值的最大值与最小值之比不大于 1.06。

c. 每相用 1 个套管引出的电容器组，应测得每两个套管之间的电容量，其值与出厂值相差在±5%范围内。

d. 电容器组还应测量各相、各臂及总的电容值。电容器组的电容量与额定值的标准偏差应符合下列要求：①3Mvar 以下电容器组：－5%～+10%；②3～30Mvar 电容器组：0%～10%；③30Mvar 以上电容器组：0%～5%。

且任意两线端的最大电容量与最小电容量之比值，应不超过 1.05。

当测量结果不满足上述要求时，应逐台测量。单台电容器电容量与额定值的标准偏差应在－5%～10%之间，且初值差小于±5%。

2）耦合电容器电容量测量标准。电容量初值差不超过±5%（警示值），电容值大于出厂值的 102%（注意值）时应引起注意。一相中任两节实测电容值差不应超过 5%（警示值）。

（2）试验结果分析。绝缘良好的电容器，电容值的变化很小。如果电容器部分元件击穿短路，电容值会增大。部分元件断线，电容值会减小。箱体密封不良浸渍剂泄漏电容值减小，进水受潮电容值增大。

电容值偏差计算式为

$$\Delta C=\frac{C_{\mathrm{X}}-C_n}{C_n}\times 100\% \tag{4-1}$$

式中　ΔC——电容偏差率，%；

C_{X}——实测电容量，μF；

C_n——标准（铭牌）电容量，μF。

（3）试验报告编写。编写报告时项目要齐全，包括试验人员、天气情况、环境温度、湿度、设备运行编号（双重编号）、设备参数、试验性质（交接、检查、例行、诊断）、试验结果、试验结论、试验仪器名称型号及出厂编号，备注栏应写明其他需要注意的内容，如是否拆除引线等。

模块 3　电容器介质损耗角值 tanδ 测量

一、试验目的

（1）检查电容器绝缘介质是否存在受潮、击穿等绝缘缺陷；

（2）检查是否存在制造过程中真空处理和剩余压力、引线端子焊接不良、有毛刺、铝箔或膜纸不平整等工艺的问题。

二、适用范围

交接、预试、大修、故障后。

三、试验准备

（1）了解被试设备的情况及现场试验条件。查勘现场，查阅相关技术资料，包括历年试验数据及相关规程，掌握设备运行及缺陷情况。

（2）试验仪器、设备的准备。自动抗干扰介质损耗测试仪、测试线（夹）、屏蔽线、温（湿）度计、接地线、放电棒、万用表、电源盘（带漏电保护器）、高空接线钳、梯子、安全带、安全帽、电工常用工具、试验临时安全遮栏、标示牌等，并查阅试验仪器、设备及绝缘工器具的检定证书有效期、相关技术资料、相关规程等。

（3）办理工作票并做好试验现场安全和技术措施。工作负责人向试验人员交代工作内容、现场安全措施、现场作业危险点等，明确人员分工及试验程序。

四、试验仪器、设备的选择

自动抗干扰介质损耗测试仪，要求抗干扰能力强，精确度高、稳定性好。

五、危险点分析与预控措施

（1）防止高处坠落。试验人员在拆、接电容器一次引线时，必须系好安全带。使用梯子时，必须有人扶持或绑牢。

（2）防止高处落物伤人。高处作业应使用工具袋，上下传递物件应用绳索拴牢传递，严禁抛掷。

（3）防止工作人员触电。拆、接试验接线前，应将被试设备对地充分放电，以防止剩余电荷、感应电压伤人及影响测量结果；为防止感应电压伤人，在拆除引线前电容器上应悬挂接地线，接引线时先在电容器上悬挂接地线；测量引线要连接牢固，试验仪器的金属外壳应可靠接地。

（4）高压试验造成触电。试验区域设专用围栏，对外悬挂“止步，高压危险！”标示牌。加压时设专人监护并大声呼唱，试验人员应站在绝缘垫上，试验完毕对被试设备充分放电。

六、试验接线

耦合电容器介质损耗正切值 $\tan\delta$ 的测量接线图如图 5－8 所示。

七、试验步骤

（1）对被试电容器进行充分放电并接地，拆除其对外所有一次连接线。

（2）仪器接地端可靠接地，接好 C_X 测试线及 C_n 线。

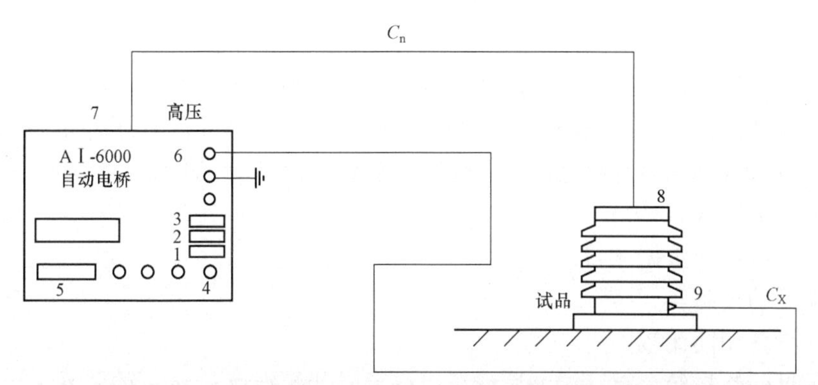

图 5-8　耦合电容器介质损耗正切值 tanδ 的测量接线图

1—电桥电源开关；2—电桥内高压允许开关；3—交流 220V 电源；4—高压启动开关；5—显示屏；6—电桥 C_X 输出线；7—电桥高压输出线；8—耦合电容器高压输入端；9—耦合电容器末屏小套管信号线

（3）被试电容器法兰接地，打开低压电极小套管接地线并与电桥 C_X 端相连接，仪器高压引线（C_n 线）接至被试电容器高压电极，取下接地线，检查接线无误后，通知其他人员远离被试品并监护。

（4）合上试验电源，打开总电源开关和内高压允许开关，再通过控制面板设定好高压输出值及频率等相关参数。采用“正接线—变频—10kV”，设置完毕进行高声呼唱，按“启动”键进行测量。

（5）测量过程中注意观察试验进度，随时警戒异常情况的发生。

（6）仪器显示试验结果后，断开内高压允许开关，记录电容量及介质损耗数据并进行数据分析，断开总电源开关。

（7）对被试品进行放电并接地，拆除测试线，特别注意小套管接地引线的恢复。

八、试验注意事项

（1）测量应在良好的天气下进行，设备表面应清洁干燥，避免在湿度较大的情况下进行测量。且空气相对湿度一般不高于 80%，环境温度不低于 5℃。

（2）仪器自带有升压装置，应注意高压引线的绝缘及人员安全。

（3）仪器必须可靠接地。

（4）进行介质损耗测量前，应先对设备进行绝缘试验。

（5）仪器启动后，不允许突然关断电源，以免引起过电压损坏设备。

（6）选择合适的试验电压，避免因电压过高而造成设备绝缘损坏或击穿。

（7）加压时大声呼唱，做好监护工作。

（8）电压等级高的设备要注意防止感应电伤人或损坏仪器。

（9）测量前检查电容器是否漏油。

九、试验结果分析及试验报告编写

（1）试验标准及要求。介质损耗因数：油纸绝缘≤0.005（注意值）、膜纸复合≤0.0025

（注意值）。

（2）试验结果分析。耦合电容器串联元件较多，个别元件短路、开路或劣化，tanδ 反映并不是很灵敏，因为 tanδ 与缺陷部分体积大小有关。对电容量较大的试品，tanδ 反映绝缘缺陷并不是很灵敏，要结合电容量的变化综合判断。综合判断如下：

1）与规程值比较。

2）同一设备历年数据比较。

3）同类型的设备。

4）同一设备相间比较。

5）测得试验数据结合温（湿）度情况，必要时测量温度与 tanδ 的关系。

6）电容量的变化。

7）观察试验数据的变化趋势、变化速率。

（3）试验报告编写。编写报告时项目要齐全，包括试验人员、天气情况、环境温度、湿度、设备运行编号（双重编号）、设备参数、试验性质（交接、检查、例行、诊断）、试验结果、试验结论、试验仪器名称型号及出厂编号，备注栏应写明其他需要注意的内容，如是否拆除引线等。

模块 4　电容器相间及对地交流耐压试验

一、试验目的

检查电容器绝缘的电气强度，主要检查电容器内部极对外壳的绝缘、电容元件外包绝缘、浸渍剂泄漏引起的滑闪和套管以及引线故障。

二、适用范围

交接、预试、大修、故障后。

三、试验准备

（1）了解被试设备现场情况及试验条件。查勘现场，查阅相关技术资料，包括该设备出厂试验数据、历年试验数据及相关规程等，掌握该设备运行及缺陷情况。

（2）试验仪器、设备的准备。试验变压器、操作箱、保护球隙、保护电阻器、分压器、电压表、绝缘电阻表、测试线（夹）、温（湿）度计、接地线、放电棒、电源盘（带漏电保护器）、高空接线钳、安全带、安全帽、梯子、电工常用工具、试验临时安全遮栏、标示牌等，并查阅试验仪器、设备及绝缘工器具的检定证书有效期、相关技术资料、相关规程等。

（3）办理工作票并做好试验现场安全和技术措施。工作负责人向试验人员交代工作内容、带电部位、现场安全措施、现场作业危险点等，明确人员分工及试验程序。

四、试验仪器、设备的选择

试验变压器，系统准确等级 1.5 级以上。

（1）试验变压器高压侧电流按式（4－2）进行计算。

$$I=\omega C_{X}U_{S} \tag{4-2}$$

式中 ω——角频率，rad/s；

C_X——被试电容器电容量，μF；

U_S——试验电压，kV。

（2）试验变压器容量按式（4－3）选取。

$$P=U_{S}^{2}\omega C_{X}\times10^{3} \tag{4-3}$$

（3）试验电压应在高压侧测量，一般用电阻分压器进行测量。

五、危险点分析与预控措施

（1）防止高处坠落。试验人员在拆、接电容器一次引线时，必须系好安全带。使用梯子时，必须有人扶持或绑牢。

（2）防止高处落物伤人。高处作业应使用工具袋，上下传递物件应用绳索拴牢传递，严禁抛掷。

（3）防止工作人员触电。拆、接试验接线前，应将被试设备对地充分放电，以防止剩余电荷、感应电压伤人及影响测量结果；为防止感应电压伤人，在拆除引线前电容器上应悬挂接地线，接引线时先在电容器上悬挂接地线；测量引线要连接牢固，试验仪器的金属外壳应可靠接地。

（4）高压试验造成触电。试验区域设专用围栏，对外悬挂“止步，高压危险！”标示牌。加压时设专人监护并大声呼唱，试验人员应站在绝缘垫上，试验完毕对被试设备充分放电。

六、试验接线

（1）并联式高压电容器耐压试验接线。

电容器极对地交流耐压试验接线图如图 5－9 所示。

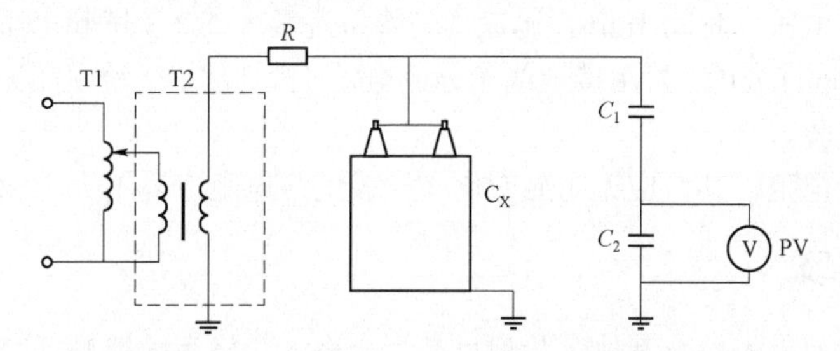

图 5－9 电容器极对地交流耐压试验接线图

T1—调压器；T2—试验变压器；R—限流电阻；C_1、C_2—分压电容器高、低压臂电容；PV—电压表；C_X—被试电容器

（2）集合式高压并联电容器耐压试验接线。

集合式电容器相间及对地交流耐压试验接线图如图 5－10 所示。

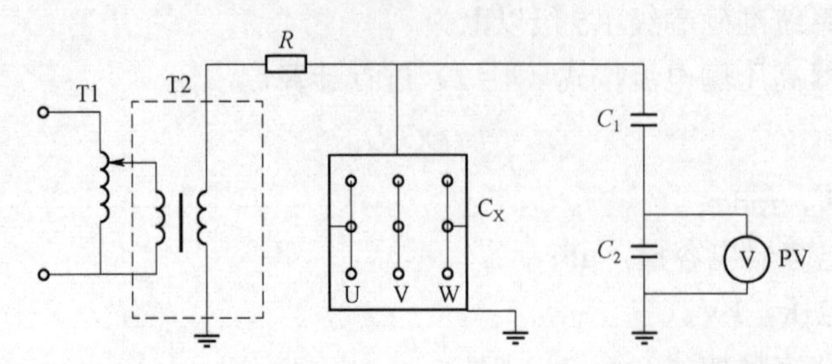

图 5－10　集合式电容器相间及对地交流耐压试验接线图

T1—调压器；T2—试验变压器；R—限流电阻；C_1、C_2—分压电容器高、低压臂电容；PV—电压表；C_X—被试电容器

七、试验步骤

（1）对被试电容器进行充分放电并接地，拆除其对外所有连接线和外部熔丝。

（2）测量绝缘电阻应正常。

（3）检查试验接线正确、调压器在零位后，通知试验人员离开被试电容器，高声呼唱，不接试品进行升压。高低压电压表指示一致，保护球隙可靠动作。

（4）断开试验电源，检查电压在零位，电容器双极短接后接高压引线，（集合式高压并联电容器：电容器各相电极间短接，试验相接高压引线，非试验相接地，A、B、C 三相分别施加试验电压）。高压引线应连接牢固，引线应尽量短，必要时使用绝缘物支撑或扎牢。注意高压引线对周围非试验设备的安全距离，电容器外壳接地，周围非试验设备接地。检查试验接线正确。

（5）高压并联电容器极对地交流耐压试验电压为出厂值的 75%。

（6）通知试验人员离开被试品，高声呼唱，开始升压。

（7）升压必须从零（或接近于零）开始，切不可冲击合闸。升压速度在 75%试验电压以前，可以是任意的，自 75%电压开始应均匀升压，约为每秒 2%试验电压的速率升压。升压过程中应密切监视高压回路和高压侧仪表指示，监听被试品有何异响。升至试验电压，开始计时并读取试验电压。时间 1min，迅速均匀降压到零（或 1/3 试验电压以下），然后切断电源，使用放电棒进行放电，再用接地线充分放电，挂接地线。试验中如无破坏性放电发生，则认为通过耐压试验。

（8）测量绝缘电阻，其值应无明显变化（一般绝缘电阻下降不大于 30%）。

八、试验注意事项

（1）耐压试验前首先检查其他试验项目是否合格，合格后才能进行交流耐压试验。

（2）试验前后应对电容器进行充分放电，应从电极引出端直接放电，避免通过熔丝放电，以免放电电流熔断熔丝。

（3）注意容升和电压谐振，试验电压应在并联电容器极对地之间测量。

（4）试验回路必须装设过电流保护装置，且动作灵敏可靠，动作电流可按试验变压器额定电流的 1.5～2 倍整定。

（5）防止冲击合闸及合闸过电压。应从零开始升压，切不可冲击合闸。试验过程中如发现试验设备或被试品异常，应停止升压，立即降压、断电，查明原因后再进行下面的工作。

（6）有时工频耐压试验进行了数十秒钟，中途因故失去电源，使试验中断。在查明原因，恢复电源后，应重新进行全时间的持续耐压试验，不可仅进行“补足时间”的试验。

九、试验结果分析及试验报告编写

（1）试验标准及要求。试验电压按出厂耐压值的 75%取值；试验中无击穿、闪络破坏性放电发生为合格。

（2）试验结果分析。电容器在测量交流耐压试验前后应测量绝缘电阻，绝缘电阻不应有明显变化。耐压试验前后电容量变化应小于±2%。试验中无破坏性放电发生，则认为通过耐压试验。

在试验过程中，如发现电压表指针摆动很大，电流表指示急剧增加，升压时电流上升、电压基本不变甚至有下降趋势，被试品冒烟、闪络或发出击穿放电声等，说明是绝缘部分出现故障，则认为被试电容器交流耐压试验不合格。如确定被试品的表面闪络是由于空气潮湿或表面脏污等所致，应将被试品清洁干燥处理后，再进行试验。

在试验过程中，不能只依据过电流保护装置动作情况来分析判断试验结果。如过电流保护装置动作，不应简单认为是电容器击穿或绝缘故障，应认真检查分析，是否过电流保护整定过小或被试电容器电容电流超出试验设备保护动作范围。相反如整定过大，即使电容器发生放电或局部小电流击穿，过电流保护装置不一定动作。所以应结合被试品和试验设备具体情况进行分析判断。

（3）试验报告编写。编写报告时项目要齐全，包括试验人员、天气情况、环境温度、湿度、设备运行编号（双重编号）、设备参数、试验性质（交接、检查、例行、诊断）、试验结果、试验结论、试验仪器名称型号及出厂编号，备注栏应写明其他需要注意的内容，如是否拆除引线等。

电容器试验报告见表 5-1。

表 5-1　电容互感器试验报告

设备名称：			
1. 设备主要参数			
型号		额定容量（kvar）	
额定电容（μF）		额定电流	
编号			
出厂日期		制造厂家	
2. 绝缘电阻			
试验项目	耐压试验前	耐压试验后	
A 相对地			

续表

试验项目	耐压试验前	耐压试验后
B 相对地		
C 相对地		
试验环境	环境温度：　℃，湿度：　%	
试验设备		
试验单位及人员		试验日期：

3. 交流耐压试验

试验项目	交流耐压值（kV）	耐压时间（s）
A 相对地		
B 相对地		
C 相对地		
试验环境	环境温度：　℃，湿度：　%	
试验设备		
试验单位及人员		试验日期：

4. 电容量及介质损耗因数

试验项目	电容量标称值(μF)	电容量测试值(μF)	电容量相差（%）	介质损耗因数
A 相对地				
B 相对地				
C 相对地				
试验环境	环境温度：　℃，湿度：　%			
试验设备				
试验单位及人员			试验日期：	

5. 电容器试验总结论

总结论：	
审核单位及人员：	日期：

第六章

母线试验

模块1 母线绝缘电阻测量

一、试验目的

（1）检测母线支撑绝缘子、穿柜绝缘套管及连接母线的穿墙套管的绝缘水平；

（2）发现影响母线绝缘的异物、绝缘受潮和脏污、绝缘击穿和严重热老化等缺陷。

二、适用范围

交接、预试、故障后。

三、试验准备

（1）了解被试设备的情况及现场试验条件。查勘现场，查阅相关技术资料，包括历年试验数据及相关规程，掌握设备运行及缺陷情况。

（2）试验仪器、设备的准备。试验所用仪器仪表：绝缘电阻表/绝缘电阻测试仪，查阅试验仪器检定证书有效期，保证仪器在校验有效期内，具有校验报告且状况良好。

工器具及材料：放电棒、验电器、绝缘手套、安全带、安全帽、安全围栏、标示牌等，并查阅绝缘工器具的检定证书有效期，保证工器具在校验有效期内。

（3）办理工作票并做好试验现场安全和技术措施。工作负责人向试验人员交代工作内容、现场安全措施、现场作业危险点等，明确人员分工及试验程序。

四、试验仪器、设备的选择

2500V 及以上绝缘电阻表，阻值一般不低于 1000MΩ。

五、危险点分析与预控措施

（1）防止高处坠落。作业人员攀爬瓷件时需佩戴安全帽，穿胶鞋，系好安全带，安全带不准高挂低用，移动过程中不得失去安全带的保护。

（2）防止高处落物伤人。高处作业应使用工具袋，上下传递物件应使用绳索拴牢传递，严禁采用抛物形式传递工具。进入现场人员应该佩戴安全帽。

（3）防止工作人员触电。拆、接试验接线前，应将被试设备对地充分放电，在放电过程中，严禁人员触及设备金属部分，搬运仪器、工具、材料时与带电设备应保持足够的安全距离。测量引线要连接牢固，接线要正确无误，高压引线应尽量缩短，并采用专用的高压测试线，必要时用绝缘物支持牢固；在不拆开设备连线进行试验时，应防止试验电压经过设备连线引到其他设备上，造成其他人员触电。试验仪器的金属外壳应可靠接地。升压前应检查同一连线上的非被试设备上是否有人工作，并有人进行监护。

（4）作业区内装设遮栏（围栏），禁止非作业人员进入。试验现场应装设绝缘围栏和安全警示标示牌，并安排专人进行监护。试验工作中途停止且工作人员离开现场时，在离开前应断开试验电源，防止他人合闸时试验设备带电，工作恢复前，应该重新检查试验接线。

六、试验接线

断开母线的电源，将绝缘电阻表 L 端接在被测量相母线上，其他两相短路接地。母线绝缘电阻试验接线图如图 6－1 所示。

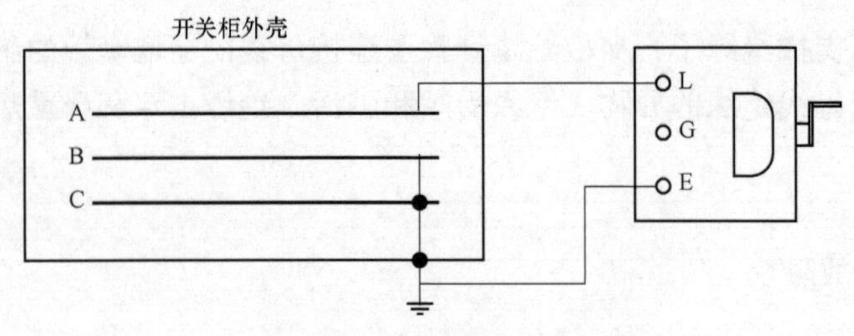

图 6－1　母线绝缘电阻试验接线图

七、试验步骤

（1）断开母线的电源，拆除或断开对外的一切连线，并将其接地放电，放电时间不小于 1min。

（2）用干燥清洁柔软的布擦去被试品表面的污垢，必要时可先用汽油或其他适当的去垢剂洗净套管表面的积垢。

（3）将绝缘电阻表放置平稳，按照试验接线图接好测试线，将非测试相接地，检查接线正确。

（4）接通电源，读取 1min 绝缘电阻值，同时记录温度和湿度。

（5）试验完毕，必须将母线对地充分放电，放电时间至少 1min。

（6）重复上述步骤，分别测量 B 相和 C 相的绝缘电阻并做好数据记录。

八、试验注意事项

（1）一般应在干燥、晴天、环境温度不低于 5℃，湿度不高于 80%时进行测量，在阴雨潮湿天气及湿度较大时应暂停测量。

（2）L 端接线对地应有可靠的绝缘。若采用手摇式绝缘摇表，测量前，应将绝缘电阻表保持水平位置，其转速应达到额定转速或 120r/min；测量结束后，应先对试品放电后拆线。

（3）为防止接线因绝缘不良造成测量误差，绝缘电阻表连接线应用绝缘良好的单支多股软线，不得使用裸导线、单股绝缘硬导线、双股并行线和绞线，且测量时两根线不要绞在一起，并尽可能短些，以免引起测量误差。

（4）同杆双母线，当一路带电时，不得测另一回路的绝缘电阻，以防感应高压损坏仪表或危害人身安全。对平行母线也同样要注意感应电压，一般不得测量绝缘电阻，在必须测量时要采取措施，如用绝缘棒接线。

（5）在湿度较大的条件下进行测量时，可在被试品表面加等电位屏蔽。此时在接线上要注意，被试品上的屏蔽环应接近加压的火线而远离接地部分，减少屏蔽对地的表面泄漏，以免造成兆欧表过载。

九、试验结果分析及试验报告编写

（1）试验标准及要求。根据 Q/CSG 114002—2011《电气设备预防性试验规程》关于母线试验相关标准，额定电压为 15kV 及以上全连式离相封闭母线在常温下分相绝缘电阻值不小于 50MΩ；6kV 共箱封闭母线在常温下分相绝缘电阻值不小于 6MΩ；一般母线常温下分相绝缘电阻值不应低于 1MΩ/kV。

（2）试验结果分析。

1）试验得出的数据与出厂、交接及历年数值进行比较；大修前后进行比较；同类设备相互比较；同一设备各相间相互比较；耐压前后的数值进行比较，均不应有明显降低或较大差别，否则必须引起注意并查明原因，在比较时需要考虑温度、湿度、脏污及气候条件的影响。

2）若测得的绝缘电阻值过低或三相不平衡时，应进行解体试验，查明绝缘不良部分。

3）火线与地线要保持一定距离，测量要用绝缘良好的导线，同时要注意绝缘电阻表本身绝缘的影响，必要时将绝缘电阻表放在绝缘垫上。

4）剩余电荷的存在会使测量数据虚假的增大或减小，要求在试验前先充分放电。

5）感应电压强烈时可能损坏绝缘电阻表或造成指针乱摆，得不到真实的测量值，必要时应采取电场屏蔽等措施。

6）一般情况下绝缘电阻随温度升高而降低。

（3）试验报告编写。编写报告时项目要齐全，包括试验人员、天气情况、环境温度、湿度、设备运行编号（双重编号）、设备参数、试验性质（交接、检查、例行、诊断）、试验结果、试验结论、试验仪器名称型号及出厂编号，备注栏应写明其他需要注意的内容，如是否拆除引线等。

模块 2　母线交流耐压试验

一、试验目的

（1）考验被试品绝缘承受各种过电压能力；

（2）有效发现母线绝缘缺陷，特别是局部缺陷。

二、适用范围

交接、诊断性及必要时。

三、试验准备

（1）了解被试设备现场情况及试验条件。查勘现场，查阅相关技术资料，包括该设备历年试验数据及相关规程等，掌握该设备运行及缺陷情况。

（2）试验仪器、设备的准备。试验所用仪器仪表：成套交流耐压试验装置，查阅试验仪器检定证书有效期、相关技术资料、相关规程等，保证仪器在校验有效期内，具有校验报告且状况良好。

工器具及材料：温（湿）度计、接地线、放电棒、验电器、电源盘（带漏电保护器）、安全带、绝缘手套、安全帽、梯子、电工常用工具、试验临时安全遮栏、标示牌等，并查阅绝缘工器具的检定证书有效期，保证工器具在校验有效期内。

（3）办理工作票并做好试验现场安全和技术措施。工作负责人向试验人员交代工作内容、带电部位、现场安全措施、现场作业危险点等，明确人员分工及试验程序。

四、试验仪器、设备的选择

成套交流耐压试验装置，包括工频试验变压器、高压试验控制箱、保护球隙、保护电阻器、分压器、电压表、绝缘电阻表、测试线（夹）等。

五、危险点分析与预控措施

（1）防止高处落物伤人。若在作业过程中，人员攀爬时需佩戴安全帽，穿胶鞋，系好安全带，安全带不准高挂低用，移动过程中不得失去安全带的保护，高处作业应使用工具袋，上下传递物件应使用绳索拴牢传递，严禁采用抛物形式传递工具；进入现场人员应该佩戴安全帽。

（2）防止工作人员触电。拆、接试验接线前，应将被试设备对地充分放电，在放电过程中，严禁人员触及设备金属部分，搬运仪器、工具、材料时与带电设备应保持足够的安全距离；测量引线要连接牢固，接线要正确无误，高压引线应尽量缩短，并采用专用的高压测试线，必要时用绝缘物支持牢固；在不拆开设备连线进行试验时，应防止试验电压经过设备连线引到其他设备上，造成其他人员触电；试验仪器的金属外壳应可靠接地；升压前应检查同一连线上的非被试设备上是否有人工作，并有人进行监护。

（3）作业区内装设遮栏（围栏），禁止非作业人员进入。试验现场应装设绝缘围栏和安全警示标示牌，并安排专人进行监护；试验工作中途停止且工作人员离开现场时，在离开前应断开试验电源，防止他人合闸时试验设备带电，工作恢复前，应该重新检查试验接线。

六、试验接线

断开被测母线的电源，将试验变压器高压端接试验相母线，其他两相母线短路接地。母线交流耐压试验接线图如图 6－2 所示。

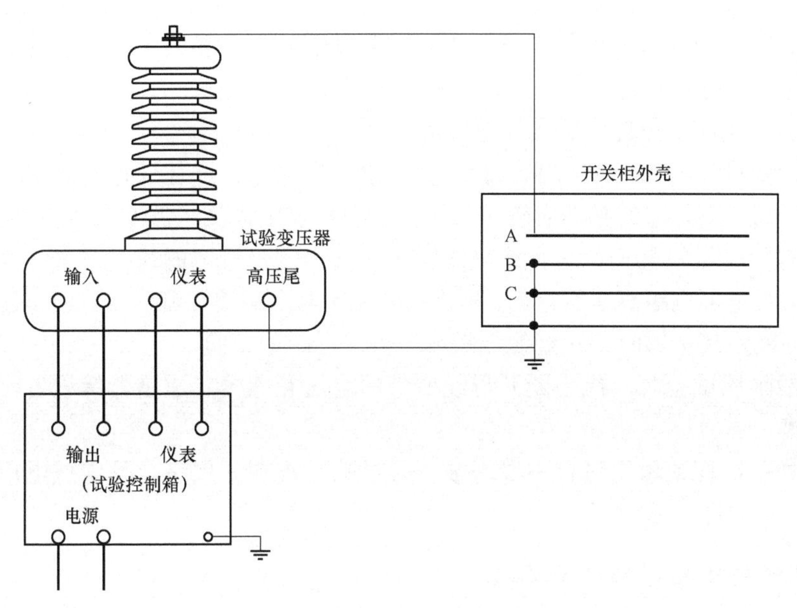

图 6－2　母线交流耐压试验接线图

七、试验步骤

（1）断开被测母线的电源，拆除或断开对外的一切连线，并将其接地进行充分放电，放电时间不小于 1min。

（2）用干燥清洁柔软的布擦去被试品表面的污垢，必要时可先用汽油或其他适当的去垢剂洗净套管表面的积垢。

（3）测量交流耐压试验之前母线的绝缘电阻值。

（4）用绝缘导线将升压变压器，调压器，电压表，电流表按接线图进行正确连接，然后仔细检查接线是否正确无误。调压器至于零位，试验电压为出厂试验电压的 80%，调整过流保护和过压保护球隙（选取正确的整定值），合上电源均匀升压，直到球隙放电，调整球隙使 3 次放电电压均接近整定值，然后升压至试验电压，保持 1min，球隙应不放电。

（5）连接试验变压器与被试品母线间的连线（进行一相交流耐压试验，其他两相需短路接地），将调压器至零位，然后合上电源。

（6）加至试验电压 24kV 后开始计时，保持 1min 后，读取泄漏电流值并记录，再缓慢降低试验电压至零，断开试验电源，挂上接地线。

（7）测量交流耐压试验之后母线的绝缘电阻值。

（8）重复上述步骤，分别做 B 相和 C 相母线的交流耐压试验并做好数据记录。

八、试验注意事项

（1）交流耐压试验，必须在其他试验项目进行之后进行；耐压试验前后均应测量被试品的绝缘电阻。

（2）被试品和试验设备，应妥善接地，高压引线可用裸线，并应有足够机械强度，所有支撑或牵引的绝缘物，也应有足够绝缘和机械强度。

（3）试验回路应当有适当的保护设施。试验过程若出现异常情况，应立即先降压，后断开电源，并挂上接地线再作检查，接地线截面积不小于 4mm^2。

（4）试验应该在干燥良好的天气下进行。

（5）交流耐压试验时，所有非试验人员应退出配电室，通往邻近高压室门闭锁，而后方可加压。母线通至外部的穿墙套管等加压处应做好安全措施，派专人监护。

（6）对有两段母线且一段运行或母线所带线路一侧仍带电的情况，做母线耐压试验时应注意母线与带电部位距离是否足够。两者距离承受电压应按交流耐压试验电压与运行电压之和考虑，间隔距离不够时应设绝缘挡板或不再进行耐压试验。

（7）母线耐压试验时，应当断开母线所带的电压互感器、避雷器等设备，并保证有足够的安全距离。

（8）在加压过程或耐压过程中发现被试品过热、击穿、闪络、异常放电声、电压表指针大幅摆动，应立即断开电源。

九、试验结果分析及试验报告编写

（1）试验标准及要求。根据 Q/CSG 114002—2011《电气设备预防性试验规程》关于母线试验相关标准，母线工频交流耐压试验时间为 1min，工频交流耐压试验电压见表 6–1 和表 6–2。

表 6–1　　封闭母线工频交流耐压试验标准

额定电压（kV）	试验电压（kV）	
	出厂	现场
≤1	4.2	3.2
6	42	32
15	57	43

表 6–2　　一般母线工频交流耐压试验标准

额定电压（kV）	试验电压（kV）	
	湿试	干试
6	23	32
10	30	42

（2）试验结果分析。

1）与出厂、交接及历年数值进行比较；大修前后进行比较；同类设备相互比较；同一设备各相间相互比较；耐压前后的数值进行比较，均不应有明显降低或较大差别。否则必须引起注意，查明原因。在比较时要考虑温度、湿度、脏污及气候条件的影响。

2）耐压过程中，母线无闪络、无异常声响为合格；电压表指示明显下降，说明被试品击穿；被试品发出击穿响声、持续放电声、冒烟、闪弧、燃烧等异常现象，如果排除其他因素则认为被试品存在缺陷或击穿。

3）对夹层绝缘或有机绝缘材料的被试品，如果耐后绝缘电阻比耐前下降 30%，则检查该被试品是否合格。

4）试验过程中，若因空气湿度、温度、表面脏污等，引起被试品表面或空气放电，应经清洁、干燥处理后再进行试验。

5）耐压试验前后，绝缘电阻测量应无明显变化。

注：开关柜需做整体交流耐压试验，具体步骤参考母线交流耐压试验即可。

（3）试验报告编写。编写报告时项目要齐全，包括试验人员、天气情况、环境温度、湿度、设备运行编号（双重编号）、设备参数、试验性质（交接、检查、例行、诊断）、试验结果、试验结论、试验仪器名称型号及出厂编号，备注栏应写明其他需要注意的内容，如是否拆除引线等。

母线试验报告见表6-3。

表6-3　　母线试验报告

<table>
<tr><td colspan="7">母线试验报告</td></tr>
<tr><td colspan="7">设备名称：</td></tr>
<tr><td colspan="7">1. 设备参数</td></tr>
<tr><td>型号</td><td colspan="2"></td><td colspan="2">额定电压（kV）</td><td colspan="2"></td></tr>
<tr><td>持续运行电压（kV）</td><td colspan="2"></td><td colspan="2">工频参考电压（kV）</td><td colspan="2"></td></tr>
<tr><td>出厂日期</td><td colspan="2"></td><td colspan="2">制造厂</td><td colspan="2"></td></tr>
<tr><td colspan="7">2. 母线绝缘电阻（MΩ）</td></tr>
<tr><td>相别</td><td colspan="2">A相（MΩ）</td><td colspan="2">B相（MΩ）</td><td colspan="2">C相（MΩ）</td></tr>
<tr><td>母线编号</td><td>耐压前</td><td>耐压后</td><td>耐压前</td><td>耐压后</td><td>耐压前</td><td>耐压后</td></tr>
<tr><td></td><td></td><td></td><td></td><td></td><td></td><td></td></tr>
<tr><td>试验环境</td><td colspan="3">环境温度：　℃</td><td colspan="3">湿度：　%</td></tr>
<tr><td>试验设备</td><td colspan="6">名称、规格、编号</td></tr>
<tr><td colspan="5">试验单位及人员：</td><td colspan="2">试验日期：</td></tr>
<tr><td colspan="7">3. 母线交流耐压试验</td></tr>
<tr><td rowspan="2">相别</td><td colspan="2">绝缘电阻（MΩ）</td><td rowspan="2" colspan="2">试验电压（kV）</td><td rowspan="2" colspan="2">试验时间（min）</td></tr>
<tr><td>试验前</td><td>试验后</td></tr>
<tr><td>A相</td><td></td><td></td><td colspan="2"></td><td colspan="2"></td></tr>
<tr><td>B相</td><td></td><td></td><td colspan="2"></td><td colspan="2"></td></tr>
<tr><td>C相</td><td></td><td></td><td colspan="2"></td><td colspan="2"></td></tr>
<tr><td colspan="7">备注：</td></tr>
<tr><td>试验环境</td><td colspan="3">环境温度：　℃</td><td colspan="3">湿度：　%</td></tr>
<tr><td>试验设备</td><td colspan="6">名称、规格、编号</td></tr>
<tr><td colspan="5">试验单位及人员：</td><td colspan="2">试验日期：</td></tr>
<tr><td colspan="7">4. 母线试验总结论</td></tr>
<tr><td colspan="7">结论：</td></tr>
<tr><td colspan="5">审核单位及人员：</td><td colspan="2">日期：</td></tr>
</table>

第七章

电力电缆试验

电力电缆按照绝缘材料不同分为：橡塑电缆、油纸绝缘电缆、自容式充油电缆。橡塑电缆是塑料绝缘电缆和橡皮绝缘电缆的总称。橡塑电缆优点突出，已几乎占领了全部10kV配电网市场。塑料绝缘电缆有交联聚乙烯（XLPE）电缆、聚氯乙烯（PVC）电缆、聚乙烯（PE）电缆等，其中交联聚乙烯电缆具有优良的电气性能，在城市电网建设和改造中占主导地位。橡皮绝缘电缆包括乙丙橡皮绝缘电力电缆等。本文将着重介绍10kV橡塑电缆的试验。

电力电缆的额定电压以$U_0/U/U_m$表示。其中U_0表示电缆导体对地或金属屏蔽层之间的额定工频电压；U表示电缆任何两导体间的额定工频电压；U_m表示电缆任何两导体间可承受来自电网系统中最高额定工频电压。在10kV不接地电网系统中，采用8.7/10/12kV电压等级的电力电缆。

模块1 橡塑电缆试验项目

一、橡塑电缆交接试验项目

橡塑电缆交接试验项目见表7－1。

表7－1　　橡塑电缆交接试验项目

序号	项　目	要　求
1	主绝缘电阻测量	不低于1000MΩ
2	外护套绝缘电阻测量	不低于0.5MΩ/km
3	主绝缘交流耐压试验	$2.5U_0$（$2.0U_0$） 5min（或60min）
4	检查电缆两端相位	两端相位一致

额定电压为18/30kV及以下电缆，当不具备交流耐压试验条件时，可采用施加正常系统对地电压24h方法代替。一般不建议用直流耐压试验代替。因为越来越多的实践已经表明，交联聚乙烯电缆的直流耐压试验不仅没有交流耐压电压试验下发现缺陷的优势，而且交联聚乙烯电缆绝缘会受到直流电压作用下不可逆转的损伤，这种损伤有积累效应。

35kV及以下橡塑电缆在现场具备条件时可结合交流耐压试验进行局部放电测量。

二、橡塑电缆预防性试验项目

橡塑电缆预防性试验项目见表7－2。

表7－2　橡塑电缆交接试验项目

序号	项　目	周　期	要　求
1	主绝缘电阻的测量	特别重要电缆6年；重要电缆10年；一般电缆必要时	5000V绝缘电阻表，不低于1000MΩ
2	护套绝缘电阻的测量	特别重要电缆6年；重要电缆10年；一般电缆必要时	500V绝缘电阻表，不低于0.5MΩ/km
3	主绝缘交流耐压试验	新作电缆终端头或中间接头后；必要时	$2.0U_0$（或$1.6U_0$）；5min（或60min）
4	检查绝缘电缆两端的相位	新作电缆终端头或中间接头后	相位一致
5	红外测温	每年2次；必要时	电缆终端头或中间接头无异常温升；同部位相间无明显温差

三、电缆分支箱试验项目

电缆分支箱的试验项目和主电缆试验项目同时进行，其试验方法相同。电缆分支箱试验项目见表7－3。

表7－3　电缆分支箱试验项目

序号	项　目	周　期	要　求
1	绝缘电阻测量	交接试验时。 例行试验时：特别重要设备6年；重要设备10年；一般设备必要时	符合制造厂家规定
2	交流耐压试验		与主送电缆同时试验

模块2　10kV三相电缆主绝缘电阻测量

一、测量目的

（1）初步判断主绝缘是否受潮、老化，检查耐压试验前测量判断主绝缘是否有缺陷，在耐压试验后测量判断耐压试验后暴露出绝缘缺陷。

（2）绝缘电阻下降表示绝缘受潮或发生老化、劣化，可能导致电缆击穿和烧毁。

（3）只能有效检查出整体受潮和贯穿性缺陷，对局部缺陷不敏感。

二、适用范围

交接试验、例行试验、诊断性试验、电缆终端头或电缆中间头制作后。

三、测量准备

（1）了解被试电缆现场情况及试验条件。勘查试验电缆现场条件。查阅电缆相关技术资料，包括出厂试验数据、历年试验数据及相关规程等。了解电缆的运行及缺陷情况。

（2）试验仪器、设备的准备。试验所用仪器仪表：绝缘电阻表、放电棒、测试线、温（湿）度计、绝缘棒、接地线等。

工器具及材料：安全帽、安全带、电工常用工具、试验场地周围所设安全围栏、标示牌等。

（3）办理工作票做好试验现场安全和技术措施。工作负责人向试验人员交代工作内容、带电部位、现场安全措施、现场作业危险点等，明确人员分工及试验程序。作业人员必须经过专业及安全培训，并经考试合格。

四、测量仪器、设备的选择

10kV 及以上电缆用 5000V 绝缘电阻表，其有效刻度不应小于 100 000MΩ；干湿温度计 1 支。

五、危险点分析与预控措施

（1）防止工作人员触电。拆、接试验接线，应将被试电缆对地充分放电，以防止剩余电荷或感应电压伤人。测量前与检修负责人协调，不允许有交叉作业。试验接线正确牢固，试验人员精力集中，防止误碰带电导体，并保持与带电部位有足够的安全距离。试验人员之间应分工明确，测量时应加强配合，测量过程中要高声呼唱。

（2）防止高处坠落。试验人员在拆、接电缆一次引线时，必须系好安全带、戴好安全帽。使用梯子时，必须有人扶持或绑牢。

（3）防止高处落物伤人。高处作业应使用工具袋，上下传递物件应用绳索拴牢传递，严禁抛掷。低处配合人员应戴好安全帽，防止坠物伤人。

六、测量接线

三相电缆应该分别测量每一相对地的绝缘电阻。对一相进行试验时，绝缘电阻表的 L 端接电缆一相的导体端，E 端和其他两相导体、金属屏蔽层及铠装层连接并接地。三相电缆主绝缘电阻测量接线图如图 7－1 所示。

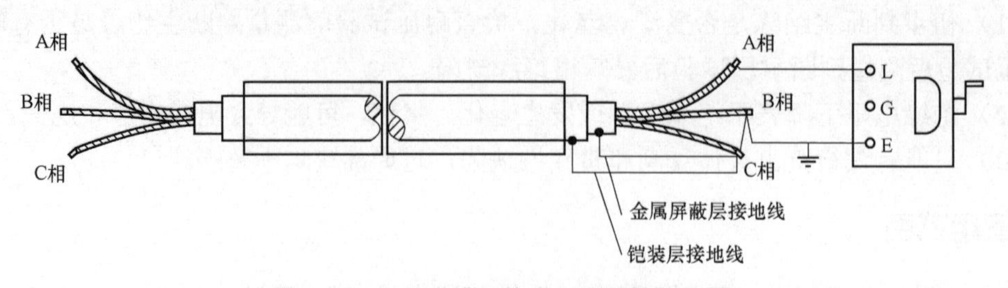

图 7－1　三相电缆主绝缘电阻测量接线图

七、测量步骤

（1）停电后对电缆进行充分放电，把电缆两端与其他连接设备完全断开。

（2）检查绝缘电阻表完好；

（3）按图 7－1 接线。

（4）再次检查测量接线正确完好；记录电缆所处环境温度。

（5）测量前通知电缆对端配合验人员注意安全。

（6）驱动绝缘电阻表手柄，待绝缘电阻表指针稳定且手柄转速达到 120r/min 后，读取数据并记录。

（7）测量结束时，先用绝缘杆将绝缘电阻表“L”端连接线与电缆被试相导体断开，再停止摇表，最后对被试相导体对地充分放电。

（8）按照以上步骤进行其他两相绝缘电阻测量。

（9）拆除测试线、恢复设备原来状态、清理试验现场。

八、测量注意事项

（1）注意“L”端接线对地应有可靠的绝缘。

（2）交流耐压试验前后应该分别对电缆的每一相导体进行绝缘电阻测量。

（3）对电缆进行测量期间时，电缆两端测量人员保证通信通畅听从试验负责人统一指挥。

（4）电缆导体对地电容量较大，测量时的充电时间长，待数据完全稳定后读取。

（5）测量完时，应先断“L”端接线后停摇表，再对电缆进行充分放电，时间约为 2～3min。

（6）当电缆线路停电后有感应电压的可能时，在测量前应先进行感应电压数值的测量。如果感应电压高于 5000V 时，应该选用电压等级高于电缆感应电压的绝缘电阻表。

（7）大电容电缆的放电方法：先经过限流电阻接地放电后，再直接接地放电。如果直接接地放电，可能会发生震荡过电压损坏电缆。试验电压越高发生的震荡过电压就越高。

九、测量结果分析及测量报告编写

（1）测量结果标准及要求。

1）交联聚乙烯绝缘电缆的主绝缘电阻换算到 1km 时应大于 1000MΩ。换算公式 $R_{换算}=R_{测量}/L$，L 为被测电缆的长度。当电缆长度不足 1km 时不用换算。

2）同一条电缆各相主绝缘电阻测量值相互比较，电阻值应接近。同一条电缆各相主绝缘电阻测量值和历史测量数据进行比较，电阻值应接近。

3）耐压试验前后应测量电缆的主绝缘电阻值，并应无明显变化。

（2）试验结果分析。

1）交联聚乙烯绝缘电缆的主绝缘电阻换算后应大于 1000MΩ/km。

2）同一条电缆各相主绝缘电阻测量值应接近。

3）记录电缆所处环境温度，如直埋电缆应记录电缆所处深度的土壤温度。绝缘电阻表测量的是主绝缘的直流绝缘电阻。测量数值和历史数据对比时，应把测量绝缘电阻换算在相

同的环境温度进行对比。换算到环境温度为20℃的绝缘电阻值为

$$R_{20}=R_tK_t \tag{7-1}$$

式中 R_{20}——温度为20时的换算绝缘电阻，Ω；

R_t——温度为 t 时的测量绝缘电阻，Ω；

K_t——温度为 t 时的换算系数。

（3）测量报告编写。编写报告时项目应齐全，包括试验人员、测试时间、天气情况、环境温度、湿度、电缆运行编号（双重编号）、使用地点、电缆的型号及参数、试验性质（交接试验、例行试验、诊断性试验）测量数据、结论、绝缘电阻表的规格型号，备注栏应写明其他需要注意的内容，如是否拆除引线等。

电缆主绝缘电阻测量换算系数表见表7－4。

表7－4 电缆主绝缘电阻测量换算系数表

温度	0	5	10	15	20	25	30	35	40
K_t	0.48	0.57	0.70	0.85	1.0	1.13	1.41	1.66	1.92

（4）电缆绝缘电阻测量时吸收现象特征强度和电缆的长度有关。

模块3 10kV 三相电缆护套绝缘电阻测量

一、测量目的

（1）判断电缆在敷设后或运行中外护套是否损伤或受潮。

（2）外护套损坏的可能原因有：在敷设过程中电缆受到过大拉力或过度弯曲；在敷设或运行过程中，电缆受到因施工、交通运输车辆等直接外力伤害；电缆终端头、中间接头受内部应力、自然应力或电动力作用；电缆外护套受到白蚁吞噬、化学物质腐蚀等。

二、适用范围

交接试验、例行试验、诊断性试验，电缆终端头或电缆中间头制作后、怀疑电缆外护套损坏。

三、测量准备

（1）了解被试电缆现场情况及试验条件。勘查电缆试验现场条件。查阅相关技术资料，包括电缆出厂试验数据、历年试验数据及相关规程等。了解电缆的运行及缺陷情况。

（2）试验仪器、设备的准备。试验所用仪器仪表：绝缘电阻表、放电棒、测试线、温（湿）度计、绝缘棒、接地线等。

工器具及材料：安全帽、安全带、电工常用工具、试验场地周围所设安全围栏、标示牌等。

（3）办理工作票做好试验现场安全和技术措施。工作负责人向试验人员交代工作内容、带电部位、现场安全措施、现场作业危险点等，明确人员分工及试验程序。作业人员必须经过专业及安全培训，并经考试合格。

四、测量仪器、设备的选择

500V 绝缘电阻表 1 块，推荐使用大容量数字绝缘电阻表；干湿温度计 1 支。

五、危险点分析与预控措施

（1）防止工作人员触电。拆、接试验接线，应将被试电缆对地充分放电，以防止剩余电荷、感应电压伤人及影响测量结果。测量前与检修负责人协调，不允许有交叉作业。试验接线正确、牢固，试验人员精力集中，不得触碰导体，并保持与带电部位有足够的安全距离。试验人员之间应分工明确，测量时应加强配合，测量过程中要高声呼唱。

（2）防止高处坠落。试验人员在拆、接电缆一次引线时，必须系好安全带。使用梯子时，必须有人扶持或绑牢。

（3）防止高处落物伤人。高处作业应使用工具袋，上下传递物件应用绳索拴牢传递，严禁抛掷。

六、试验接线

测量电缆的内护套绝缘电阻时，绝缘电阻表“L”端接金属屏蔽层接地小辫，绝缘电阻表“E”端金属铠装层接地小辫并接地。电缆对端的金属屏蔽层和电缆导体应对地绝缘。

测量电缆的外护套绝缘电阻时，绝缘电阻表“L”端接金属铠装层接地小辫，绝缘电阻表“E”端接电缆外皮并接地。电缆对端的金属屏蔽层、金属铠装层和电缆导体应对地绝缘。

三相电缆外护套、内护套绝缘电阻测量接线图如图 7－2 和图 7－3 所示。

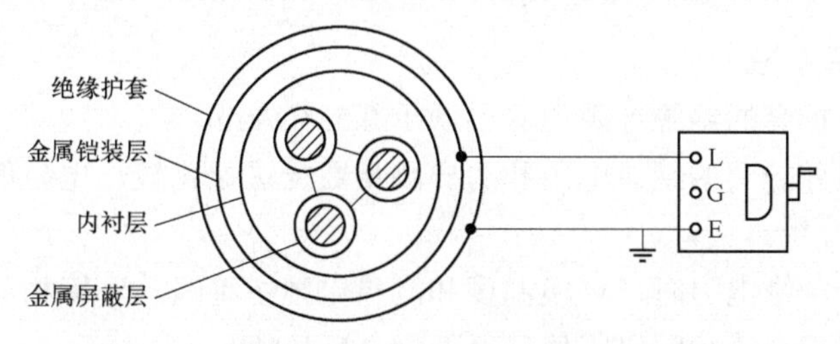

图 7－2　三相电缆外护套绝缘电阻测量接线图

七、测量步骤

（1）停电后对电缆进行充分放电，把电缆两终端头与外部连线完全断开。把电缆两终端金属屏蔽层接地小辫和金属铠装层接地小辫的接地连线解开。

（2）检查绝缘电阻表完好。

（3）按图 7－2 或图 7－3 连接测量线。

（4）再次检查测量接线正确完好；记录电缆所处环境温度。

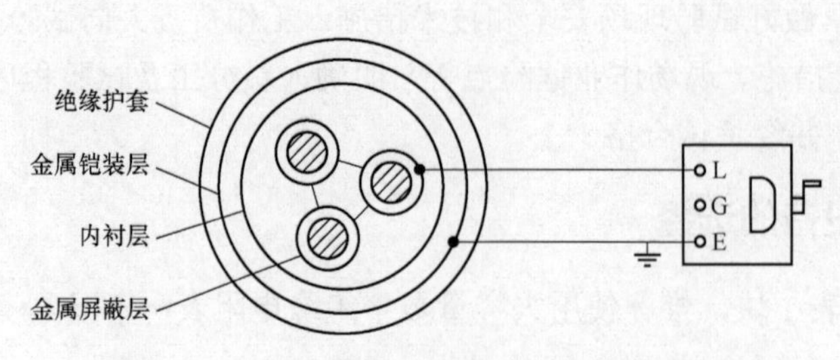

图 7-3　三相电缆内护套绝缘电阻测量接线图

（5）测量前通知电缆对配合验人员注意安全。

（6）驱动绝缘电阻表手柄，待绝缘电阻表指针稳定且手柄转速达到 120r/min 后，读取数据并记录。

（7）测量结束时，先把绝缘电阻表“L”端连接线与测量连线断开，再停止驱动绝缘电阻表，最后对金属铠装层进行充分放电。

（8）拆除测试线、恢复设备原来状态、清理试验现场。

八、测量注意事项

（1）测量电缆线路绝缘前应先进行感应电压测量。

（2）电缆的电容量较大，充电时间长，测量时充电时间长，应等待测量数值稳定后读数。测量完毕为防止电缆电容电压伤害人员，应先断开接线，后停止摇表，最后对电缆放电。

（3）测量前后均应对电缆金属护层充分放电，时间约 2～3min。

（4）绝缘电阻表“L”端引线应具有可靠的绝缘。

九、测量结果分析及测量报告编写

（1）测量标准及要求。

1）橡塑电缆外护套的绝缘电阻值应不低于 0.5MΩ/km。

2）同一条电缆外护套的绝缘电阻和历史测量数据进行比较，电阻值应接近。

（2）测量结果分析。

1）测量外护套绝缘电阻时，环境温度和测量电缆主绝缘的环境相同。

2）橡塑电缆外护套的绝缘电阻值应不低于 0.5MΩ/km。

3）测量绝缘电阻和历史数据对比时，应把测量绝缘电阻换算在相同的环境温度进行对比。

4）在绝缘电阻的测量过程中，充电未完成或摇表转速不足 120r/min，可能会引起较大测量数据误差。

（3）测量报告编写。编写报告时项目要齐全，包括测试时间、试验人员、天气情况、环境温度、湿度、电缆运行编号（双重编号）、使用地点、电缆的型号及参数、试验性质（交接试验、例行试验或诊断性试验）、测量数据、结论、绝缘电阻表的规格型号，备注栏应写明其他需要注意的内容，如是否拆除引线等。

模块 4　橡塑电缆内衬层和外护套破坏进水的确定方法

直埋橡塑电缆缆的外护套，特别是聚氯乙烯外护套，受地下水的长期浸泡吸水后，或者受到外力破坏而又未完全破损时，其绝缘电阻均有可能下降至规定值以下，因此不能仅根据绝缘电阻值降低来判断外护套破损进水。为此，提出了根据不同金属在电解质中形成原电池的原理进行判断的方法。

橡塑电缆的金属层、铠装层及其涂层用的材料有铜、铅、铁、锌和铝等。这些金属的电极电位见表 7－5。

表 7－5　　金 属 电 极 电 位

金属种类	铜 Cu	铅 Pb	铁 Fe	锌 Zn	铝 Al
电位 V (V)	+0.334	－0.122	－0.44	－0.76	－1.33

当橡塑电缆的外护套破损并进水后，由于地下水是电解质，在铠装层的镀锌钢带上会产生对地－0.76V 的电位，如内衬层也破损进水后，在镀锌钢带与铜屏蔽层之间形成原电池，会产生 0.334－（－0.76）≈1.1V 的电位差，当进水很多时，测到的电位会变小。在原电池中铜为“正”极，镀锌钢带为“负”极。

当外护套或内衬层破损进水后，用绝缘电阻表测量时，每千米绝缘电阻值低于 0.5M 时，用万用表的“正”“负”表笔轮换测量铠装层对地或铠装层对铜屏蔽层的绝缘电阻，此时在测量回路内由于形成的原电池与万用表内干电池相串联，当极性组合使电压相加时，测得的电阻值较小；反之，测得的电阻值较大。因此上述两次测得的绝缘电阻值相差较大时，表明已形成原电池，就可判断外护套和内利层已破损进水。

外护套破损不一定要立即修理，但内衬层破损进水后，水分直接与电缆芯接触并可能会腐蚀铜屏蔽层，会对绝缘带来危害，所以应尽快检修。

模块 5　10kV 三相电缆主绝缘交流耐压试验

一般来讲，三种情况下需要进行电缆主绝缘的交流耐压试验。分别是：新电缆在投入运行前的交接试验、电缆终端或中间接头制作后、怀疑电缆故障时。对橡塑电缆应首选采用 20～300Hz 交流耐压试验。

一、试验目的

判断电缆的主绝缘是否受潮、老化或损坏。

二、适用范围

交接试验、例行试验、诊断性试验。

三、试验准备

（1）了解被试设备现场情况及试验条件。勘查现场试验条件，查阅相关技术资料，包括电缆出厂数据和历年试验数据等，掌握电缆运行情况，有无缺陷。

（2）试验仪器、设备的准备。试验所用仪器仪表：变频串联谐振耐压装置、测试线、绝缘电阻表、温（湿）度计、接地线、放电棒。

工器具及材料：万用表、电源盘（带漏电保护器）、安全带、安全帽、绝缘手套、电工常用工具、试验场地周围所设安全围栏、标示牌等。

（3）办理工作票并做好试验现场安全和技术措施。工作负责人向试验人员交代工作内容、现场安全措施、作业现场危险点及应对措施等，明确人员分工及试验程序。作业人员必须经过专业及安全培训，并经考试合格。

四、试验仪器、设备的选择

20～300Hz 变频串联谐振耐压装置、5000V 绝缘电阻表 1 块、干湿温度计 1 支。

变频串联谐振耐压装置一般由变频电源装置、励磁配电变压器、电抗器、高压和低压补偿电容器组成。变频串联谐振耐压装置的试验电压和试验容量必须满足要求。10kV 电缆的最大试验电压为 $2.5U_0$，也就是变频串联耐压装置试验电压不低于 22kV。变频串联耐压装置的试验容量和电缆的线径、长度有关，其中起决定因素的电缆长度越长所需试验容量越大。目前设备厂家的变频串联谐振耐压装置的试验容量可达 20 000kVA。

由式（7－2）可计算所需试验容量， 变频串联耐压装置的试验容量约为 1.25 倍的所需试验容量。

$$S=2\pi f_0C_0UL \tag{7-2}$$

式中 S——所需试验容量，kVA；

f_0——试验频率，Hz；

C_0——电缆单相对地电容值，μF，此值电缆厂家可提供；

U——试验电压，kV；

L——电缆的长度，km。

五、危险点分析与预控措施

（1）防止工作人员触电。拆、接试验接线，应将被试电缆对地充分放电，以防止剩余电荷或感应电压伤人。测量前与检修负责人协调，不允许有交叉作业。试验接线正确牢固，试验人员精力集中，防止误碰带电导体，并保持与带电部位有足够的安全距离。试验人员之间应分工明确，测量时应加强配合，测量过程中要高声呼唱。

（2）防止高处坠落。试验人员在拆、接电缆一次引线时，必须系好安全带、戴好安全帽。使用梯子时，必须有人扶持或绑牢。

（3）防止高处落物伤人。高处作业应使用工具袋，上下传递物件应用绳索拴牢传递，严禁抛掷。低处配合人员应戴好安全帽，防止坠物伤人。

六、试验接线

按照变频串联谐振耐压装置说明书，把各部件进行连接。把试验变压器的高压端与电缆的被试验相连接；电缆非试验相同电缆的屏蔽层及铠装层接地。电缆变频串联耐压试验接线图如图 7－4 所示。

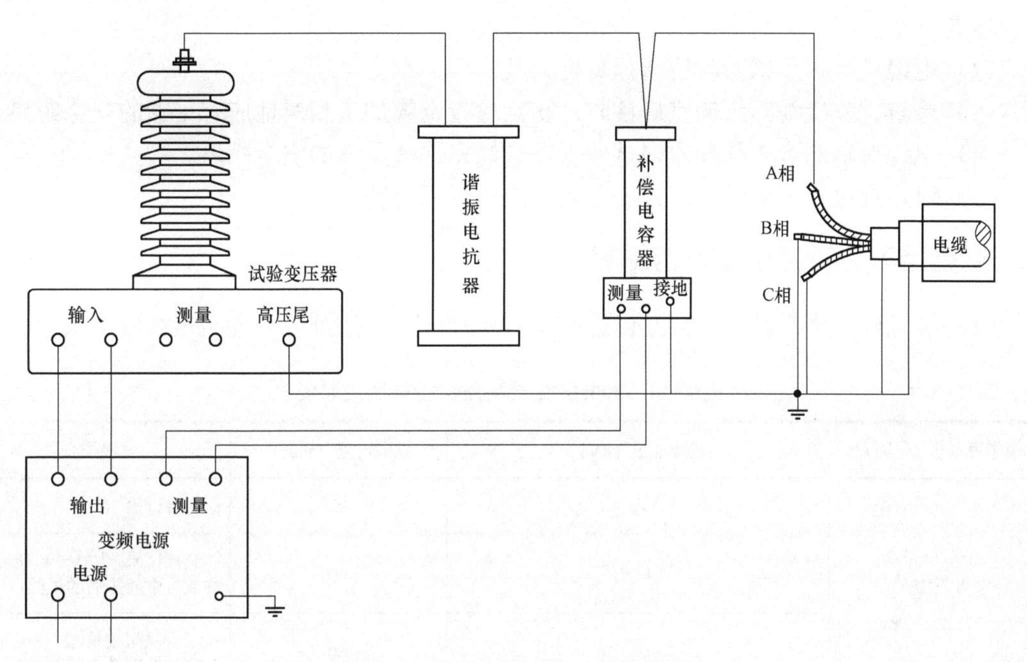

图 7－4　电缆交流耐压试验接线图

七、试验步骤

（1）停电后对电缆进行充分放电，把电缆两端与其他连接设备完全断开。

（2）按照电缆主绝缘电阻测量方法，完成电缆每一相绝缘电阻值测量，记录电缆所处环境温度。

（3）按图 7－4 接线。

（4）再次检查试验的接线正确完好。

（5）耐压试验前通知电缆对端配合人员试验开始注意安全。

（6）按照实验仪器说明书开始加压。在升压过程中，要求速度均匀升压到试验电压。升压过程发现电压表、电流表及其他异常现象时应停止试验。

（7）试验电压升高到表 7－6 试验电压后，开始计时。到达试验时间后，均匀降低试验电压到零值，断开变频电源开关。记录试验电压数值和持续时间。

（8）对电缆加压相对地进行充分放电。放电方法是先经过限流电阻接地放电后，再直接接地放电。放电时间和电缆长度有关，一般放电时间约 2～3min。

（9）拆除测试线。

（10）重复上述操作进行其他相的试验。

（11）电缆交流耐压试验结束后，应再次测量电缆各相绝缘电阻，并记录。

（12）拆除测试线、恢复设备原来状态、清理试验现场。

八、试验注意事项

（1）根据电缆的规格和长度，估算试验容量。试验设备的容量不能小于电缆对地电容负载容量。

（2）电缆进行耐压试验时应选择良好天气。

（3）检查试验接线的正确完好性时，重点检查电缆加压相对地应有足够的安全距离。

（4）电缆对端配合人员和本端试验人员应注意保持足够的安全距离。

（5）对电缆进行放电时，应方法正确，放电时间足够。

九、试验结果分析及试验报告编写

（1）试验标准及要求。橡塑电缆进行20～300Hz交流耐压时，试验电压和时间见表7-6。

表7-6　电缆20～300Hz交流耐压试验电压及时间

电缆额定电压 U_0/U（kV）	试验电压（kV）	试验时间（min）	试验类别
8.7/10	$2.5U_0$=22	5	交接试验
	$2.0U_0$=17	60	交接试验、大修时制造电缆终端、中间头后的试验
	$1.6U_0$=14	60	运行时间较长、发现可能存在缺陷的电缆进行的试验

（2）试验结果分析。

1）电缆耐压试验过程中，无破坏性放电发生。

2）电缆耐压试验前后，每一相的绝缘电阻测量值不应有明显变化。

（3）试验报告的编写。编写报告时项目要齐全，包括试验人员、天气情况、环境温度、湿度、设备运行编号（双重编号）、设备参数、试验性质（交接试验、例行试验、诊断性试验）、试验数据、试验结论、试验仪器名称型号及出厂编号。

模块6　10kV三相电缆两端的相位检查

一、试验目的

在电缆终端头或中间接头制作后，核对性检查电缆两端标注的相位应一致。特别对多电源用户的电缆或并联运行的电缆具有重要意义。电缆的相位不一致，会导致短路事故发生。

二、适用范围

交接试验、诊断性试验，电缆终端头或电缆中间头制作后。

三、试验准备

（1）了解被试设备现场情况及试验条件。勘查现场试验条件，查阅相关技术资料，电缆的电源侧和受电侧相序一致。

（2）试验仪器、设备的准备。试验所用仪器仪表：绝缘电阻表、测试线、接地线。

工器具及材料：安全带、安全帽、电工常用工具、试验场地周围所设安全围栏、标示牌等。

（3）办理工作票并做好试验现场安全和技术措施。工作负责人向试验人员交代工作内容、现场安全措施、作业现场危险点及应对措施等，明确人员分工及试验程序。作业人员必须经过专业及安全培训，并经考试合格。

四、试验仪器、设备的选择

2500V 绝缘电阻表 1 块。

五、危险点分析与预控措施

（1）防止工作人员触电。应将被试电缆对地充分放电，以防止剩余电荷或感应电压伤人。测量前与检修负责人协调，不允许有交叉作业。试验接线正确、牢固，试验人员精力集中，不得触碰导体，并保持与带电部位有足够的安全距离。试验人员之间应分工明确，测量时应加强配合，测量过程中要高声呼唱。

（2）防止高处坠落。在登杆时或者 2m 以上平台作业必须戴好安全帽，系好安全带。使用梯子时，必须有人扶持或绑牢。

（3）防止高处落物伤人。高处作业应使用工具袋，上下传递物件应用绳索拴牢传递，严禁抛掷。

六、试验接线

核对电缆相位的方法较多，比较常用的是绝缘电阻表法。在电缆的一端某相导体接绝缘电阻表的“L”端子，电缆屏蔽层接地小辫接“E”端子并接地。电缆对端的导体和该端屏蔽层接地小辫连接。电缆的其他两相导体悬空。电缆两端相位测试试验接线如图 7－5 所示。

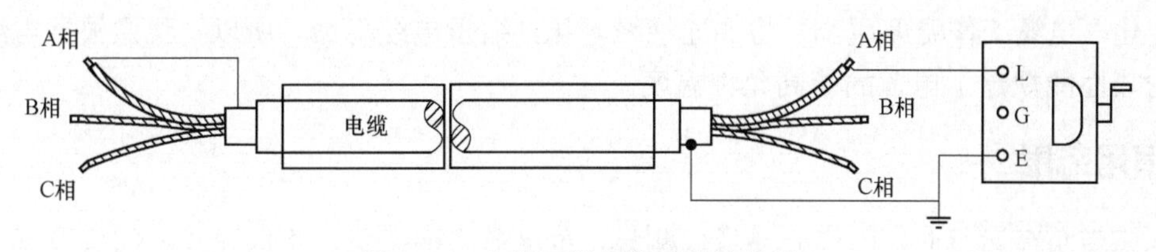

图 7－5　电缆两端相位试验接线图

七、试验步骤

（1）检查绝缘电阻表完好。

（2）按照图 7－5 接线。

（3）检查试验接线正确完好。

（4）如果轻摇绝缘电阻表时，绝缘电阻值为零值，再断开对端电缆导体和端屏蔽层接地小辫连接线，轻摇绝缘电阻表时的绝缘电阻值较大，则说明电缆两端为同相，标上电缆的色相胶带。

（5）如果轻摇绝缘电阻表绝缘电阻值较大，说明电缆两端的导体非同相位。调整电缆其他相导体连接端屏蔽层接地小辫，继续试验。

（6）重复上述操作检查其他两相。

（7）拆除测试线、恢复设备原来状态、清理试验现场。

八、试验注意事项

（1）试验前确认电缆已充分放电，安全措施完备。

（2）制作电缆中间接头时，应先确定电缆三相相位一致。制作完成后再次复测。

（3）应及时标上电缆的色相胶带。

试验结果分析及试验报告编写。

（1）试验标准及要求。用绝缘电阻表摇测电缆两端导体绝缘电阻为零值，且在断开对端相的接地后再轻摇兆欧的绝缘电阻较大。满足上述两个条件才能确定电缆两端为同相。

（2）试验报告的编写。编写报告时项目要齐全，包括试验人员、设备运行编号（双重编号）、设备参数、试验性质（交接试验、诊断试验）、试验结论、绝缘电阻表规格型号及出厂编号等。

（3）试验结果分析。用绝缘电阻表测量绝缘电阻为零值者未必是同相，所以必须断开电缆对端导体相的接地进行排除。

模块 7　10kV 三相电缆的红外测温

一、测量目的

检测电缆的工作温度就是为了防止电缆主绝缘的温度过高，导致主绝缘老化加速。

电缆工作时，电缆各部分的损耗所产生的热量以及所处环境温度的影响使电缆工作温度发生变化，电缆工作温度越高，将加速绝缘老化，缩短电缆寿命。所以，我们根据电缆绝缘材料的热性能规定了电缆的最高允许温度。

二、适用范围

电缆带负荷运行时，用红外热像仪测量，对电缆终端接头、非直埋式中间头及部分电缆外表进行检测。

三、测量准备

（1）了解电缆运行情况及试验条件。勘查现场，掌握电缆负荷大小及运行状态。

（2）试验仪器、设备的准备。试验所用仪器仪表：红外温度热成像仪或红外测温仪，测量前按照仪器操作说明书对仪器进行校对。

工器具及材料：温（湿）度计、安全帽、电工常用工具等。

（3）办理工作票并做好试验现场安全和技术措施。工作负责人向试验人员交代作业现场危险点及应对措施，明确人员分工。作业人员必须经过专业及安全培训，并经考试合格。

四、测量仪器、设备的选择

选用红外温度热成像仪或红外测温仪。

仪器的实测距离应大于现场检测距离，一般选择仪器的实测距离不小于1000m。仪器的测量精度不大于0.1℃，测温的范围为－50～600℃。

测量仪器的操作参照仪器说明书。

五、危险点分析与预控措施

（1）防止高处坠落。在登杆时或者2m以上平台作业均应戴好安全帽，系好安全带。

（2）防止工作人员触电。工作人员应与带电部位保持足够的安全距离。设专人监护。

六、测量注意事项

（1）在测温时，操作人员注意离被检测设备及周围的带电设备应保持安全距离。

（2）应该在电缆负荷最大和电缆散热点最差段测温。

（3）发现发热异常设备时，应记录发热设备名称、负荷电流、温度、发热相及具体位置，记录正常相对应位置的温度及设备的环境温度。

（4）注意大气环境对仪器测量准确度的影响。在雨雪雾雷天气、大于5m/s风速天气均不应进行检测。环境温度和湿度、电磁强度、噪音均对检测结果有影响。尽量避开阳光直射或反射到仪器。

（5）应根据仪器说明书掌握仪器的操作使用。

（6）仪器和被测设备的距离越近越准确。要避开视线中的遮挡物。

（7）仪器应按照说明书进行定期校验或对比测温值。

七、试验结果分析及试验报告编写

（1）试验标准及要求。橡塑电缆长期运行的最高允许工作温度见表7－7。

表7－7　　橡塑电缆长期运行的最高允许工作温度

电缆型式	线芯最高允许工作温度（℃）	表皮最高允许工作温度（℃）
交联聚乙烯绝缘电缆	90	50
聚乙烯绝缘电缆	70	45

续表

电缆型式	线芯最高允许工作温度（℃）	表皮最高允许工作温度（℃）
聚氯乙烯绝缘电缆	70	40
橡皮绝缘电缆	65	40
丁基橡皮电缆	80	45
乙丙橡胶电缆	90	50

（2）试验结果分析。

1）电流致热型缺陷判据。

一般缺陷：电缆终端接头的金属导体相对温差小于15K。

严重缺陷：电缆终端接头的金属导体热点温度大于80℃；或相对不平衡率＞80%。

危急缺陷：电缆终端接头的金属导体热点温度大于110℃；或相对不平衡率＞95%。

2）电压致热型缺陷判据。电压致热型缺陷均为严重缺陷。电压热型缺陷故障特征及允许温差见表7－8。

表7－8　电压热型缺陷故障特征及允许温差

热像特征	故障特征	温差（K）	备　注
以整个电缆头为中心的热像	电缆头受潮、劣化或者有气隙	0.5～1	当 δ_t≥20%或者有不均匀热像
以护层接地连接为中心的发热	接地不良	5～10	
伞裙局部区域过热	内部可能有局部放电	0.5～1	
电缆头整个根部整体性过热	内部介质受潮或性能异常	0.5～1	

（3）试验报告编写。试验报告的内容包括主要测量人员、测量时间、环境温度、负荷大小、电缆名称、测量电缆的具体位置、测量温度、测量仪器名称型号及出厂编号。

电力电缆试验报告格式见表7－9。

表7－9　电力电缆试验报告格式

<table>
<tr><td colspan="5">电力电缆试验报告</td></tr>
<tr><td colspan="5">电缆设备名称：</td></tr>
<tr><td colspan="5">1. 电缆参数</td></tr>
<tr><td>型号</td><td></td><td></td><td>额定电压（kV）</td><td></td></tr>
<tr><td>线路起终点</td><td></td><td></td><td>芯数及截面</td><td></td></tr>
<tr><td>电缆长度</td><td></td><td></td><td>电缆编号</td><td></td></tr>
<tr><td>出厂日期</td><td></td><td></td><td>制造厂</td><td></td></tr>
<tr><td colspan="5">2. 主绝缘电阻</td></tr>
<tr><td>相别</td><td>A相对B、C相及地</td><td colspan="2">B相对A、C相及地</td><td>C相对B、A相及地</td></tr>
<tr><td>试验前绝缘（MΩ）</td><td></td><td colspan="2"></td><td></td></tr>
<tr><td>试验后绝缘（MΩ）</td><td></td><td colspan="2"></td><td></td></tr>
</table>

续表

试验环境	环境温度：　　℃　　湿度：　　%			
试验设备	名称、规格、编号			
试验单位及人员：			试验日期：	
3. 外护套、内衬层绝缘电阻				
相别	外护套		内衬层	
	绝缘电阻（MΩ）	单位绝缘电阻（MΩ/km）	绝缘电阻（MΩ）	单位绝缘电阻（MΩ/km）
A 相				
B 相				
C 相				
试验环境	环境温度：　　℃　　湿度：　　%			
试验设备	名称、规格、编号			
试验单位及人员：			试验日期：	
4. 交流耐压试验				
相别	绝缘电阻		试验电压（kV）	试验时间（min）
	试验前	试验后		
A 相对 B、C 相及地				
B 相对 A、C 相及地				
C 相对 B、A 相及地				
备注：				
试验环境	环境温度：　　℃　　湿度：　　%			
试验设备	名称、规格、编号			
试验单位及人员：			试验日期：	
5. 电缆线路的相位检查				
检查结果：				
试验设备	名称、规格、编号			
试验单位及人员：			试验日期：	
6. 电缆试验总结论				
总结论：				
审核单位及人员：			日期：	

常用 10kV 电力电缆参数见表 7－10，电力电缆命名各部分代号及含义见表 7－11，10kV 配电线路常用避雷器参数见表 7－12。

表 7-10　　常用 10kV 电力电缆参数

额定电压 U_0/U（kV）	导体材料	导体标称截面 mm²	铠装型电缆载流量（A）		非铠装型电缆载流量（A）			
			三芯		三芯		单芯	
			在空气中	直埋土壤中	在空气中	直埋土壤中	在空气中	直埋土壤中
8.7/10 8.7/15	铜芯	50	205	210	205	210	245	225
		70	250	255	255	260	305	275
		95	310	305	310	305	370	330
		120	350	350	360	350	430	375
		150	400	390	405	390	490	425
		185	450	440	465	445	560	480
		240	530	510	550	520	665	555
		300	605	565	625	585	756	630
		400	700	645	730	665	890	725
8.7/10 8.7/15	铝芯	50	160	165	160	165	160	175
		70	195	200	200	200	200	215
		95	240	240	240	240	245	255
		120	270	270	285	275	280	290
		150	310	300	315	305	320	330
		185	350	340	365	350	365	370
		240	415	400	430	405	435	435
		300	475	445	490	455	500	490
		400	555	510	580	525	585	565

表 7-11　　电力电缆命名各部分代号及含义

导体代号	铜导体	省略不写
	铝导体	L
绝缘代号	聚氯乙烯绝缘	V
	交联聚乙烯绝缘	YJ
	乙丙橡胶绝缘	E
	硬乙丙橡胶绝缘	HE
护套代号	聚氯乙烯护套	V
	聚乙烯护套	Y
	弹性体护套	F
	挡潮层聚乙烯护套	A
	铅套	Q
铠装代号	双钢带铠装	2
	细圆钢丝铠装	3
	粗圆钢丝铠装	4
外护套代号	聚氯乙烯外护套	2
	聚乙烯外护套	3
	弹性外护套	4

表 7－12　　10kV 配电线路常用避雷器参数

型号	避雷器额定电压（kV）	系统额定电压（kV）	持续运行电压（kV）	直流参考电压 U_{1m}A 不小于（kV）	8/20μs 标称电流下残压（kV）	方波通流容量 2ms（A）	4/10μs 冲击电流容量（kA）	0.75U_{1m}A 下泄漏电流不大于（μA）	爬电比距（mm/kV）	高度（mm）
HY5WS12.7/50	12.7	10	6.6	25	50	100	40	50	27	257
HY5WS16.7/50	16.7	10	13.6	25	50	100	40	50	27	257
HY5WS17/50	17	10	13.6	25	50	100	40	50	27	257

第八章 避雷器试验

10kV 配电线路避雷器因其保护对象的不同而形式多样，主要分为两大类：无间隙金属氧化物避雷器和串联间隙氧化物避雷器。

无间隙金属氧化物避雷器主要保护的是弱绝缘的电气设备免遭雷电的损坏。这类设备有：配电变压器、电缆、柱上断路器、配电柜等。无间隙金属氧化物避雷器具有残压低、伏安特性曲线平缓、电气性能稳定、保护效果优异等特点，但是因其长期承受运行电压，或受到多重雷击及强雷电时，若其吸收能量超过耐受能量则易损坏，这会给电网运行带来故障。

无间隙金属氧化物避雷器在配电网应用的主要形式有：HY5WS－17/50 无间隙配电型、HY5WBG 型支柱穿刺型、可卸式无间隙金属氧化物避雷器等。

串联间隙氧化物避雷器主要保护配电线路绝缘子免遭雷电过电压，避免线路故障跳闸。串联间隙本身具有遮断工频续流的能力，即时串联间隙氧化物避雷器本体损坏，因串联间隙的隔离作用，这不会给电网运行带来故障。

串联间隙金属氧化物避雷器在配电网应用的主要形式有：带引流环形的串联间隙金属氧化物避雷器、带穿刺电极的串联间隙金属氧化物避雷器。带穿刺电极的串联间隙金属氧化物避雷器的空气间隙距离为 50～110mm。

模块1 避雷器试验项目

一、无间隙金属氧化物避雷器试验项目（见表 8－1）

表 8－1 无间隙金属氧化物避雷器试验项目

序号	项　目	周　期	要　求
1	绝缘电阻	1）交接试验时。 2）例行试验：特别重要设备 6 年；重要设备 10 年；一般设备必要时	2500V 绝缘电阻表，20℃时绝缘电阻不小于 1000MΩ
2	直流 1mA 电压 U_{1mA} 及 $0.75U_{1mA}$ 下的泄漏电流	1）交接试验时。 2）例行试验：特别重要设备 6 年；重要设备 10 年；一般设备必要时	1）U_{1mA} 实测值与初始值或制造厂规定值比较，变化不应大于±5%；U_{1mA} 实测值不低于 GB 11032 规定值。 2）$0.75U_{1mA}$ 下的泄漏电流不应大于 50μA 和 $0.75U_{1mA}$ 下的泄漏电流与初始值值比较不应大于 30%

续表

序号	项　　目	周　　期	要　　求
3	运行电压下的交流泄漏电流带电测量	1）交接试验时。 2）例行试验：建议每年雷雨季节前1次	1）测量运行电压下全电流、阻性电流或功率损耗，测量值与初始值比较不应有明显变化。 2）测量值与初始值比较，当阻性电流增加50%时应该分析原因，加强监测、适当缩短检测周期；当阻性电流增加1倍时应停电测量直流 $1U_{1mA}$ 及 $0.75U_{1mA}$ 下的泄漏电流
4	红外检测	建议每年雷雨季节前1次	发现热像图异常时，结合配网运行情况，尽快处理

无间隙金属氧化物避雷器停电后进行序号1和2项试验内容。停电困难时，可在进行序号3内容。若序号1、2、3均不能按期进行时，可先加强红外检测再结合线路停电安排序号1和2项试验。

二、串联间隙金属氧化物避雷器试验项目

串联间隙金属氧化物避雷器试验项目如表8－2所示。

表8－2　　串联间隙金属氧化物避雷器试验项目

序号	项　　目	周　　期	要求
1	本体绝缘电阻	1）交接试验时。 2）例行试验：必要时	
2	本体直流1mA电压 U_{1mA} 及 $0.75U_{1mA}$ 下的泄漏电流		

串联间隙金属氧化物避雷器根据运行年限进行定期抽样检查试验，或怀疑串联间隙金属氧化物避雷器存在缺陷时，进行以上项目试验。

模块2　避雷器绝缘电阻测量

一、试验目的

目的在于初步检查避雷器内部是否受潮。

二、适用范围

交接试验、例行试验、诊断性试验。

三、试验准备

（1）了解被试设备现场试验条件及历史数据。勘查现场，查阅相关技术资料，包括避雷器出厂试验数据、历年试验数据等，了解避雷器运行及缺陷情况；查阅相关技术资料，保

证试验项目符合相关规程、规定、规范。

（2）试验仪器、设备的准备。试验所用仪器仪表：绝缘电阻表、测试线、温（湿）度计、接地线、放电棒。

工器具及材料：万用表、电源盘（带漏电保护器）、安全帽、电工常用工具、试验临时安全围栏、标示牌等。

（3）办理工作票并做好试验安全和技术措施。对避雷器进行集中测量时，试验人员应该提前做好避雷器的登记造册。对避雷器进行现场测量时，工作负责人向试验人员交代工作内容、现场安全措施、作业现场危险点及应对措施等，明确人员分工及试验程序；作业人员必须经过专业及安全培训，并经考试合格。

四、试验仪器、设备的选择

2500V 绝缘电阻表 1 块、干湿温度计 1 支。

五、危险点分析与预控措施

（1）防止工作人员触电。现场测量时，与检修负责人协调，不允许有交叉作业。在每接、拆试验接线前应将避雷器被试相对地充分放电。工作人员应与带电部位保持足够的安全距离。

（2）防止高处坠落。在登杆时或者 2m 以上平台作业均应戴好安全帽，系好安全带。

（3）防止高处落物伤人。高处作业应使用工具袋，上下传递物件应用绳索拴牢传递，严禁抛掷。

六、试验接线

绝缘电阻表上的接线端子“L”接避雷器的高压端，“E”接避雷器的接地端，“G”是接屏蔽端可不用。

避雷器绝缘电阻测量接线图如图 8－1 所示。

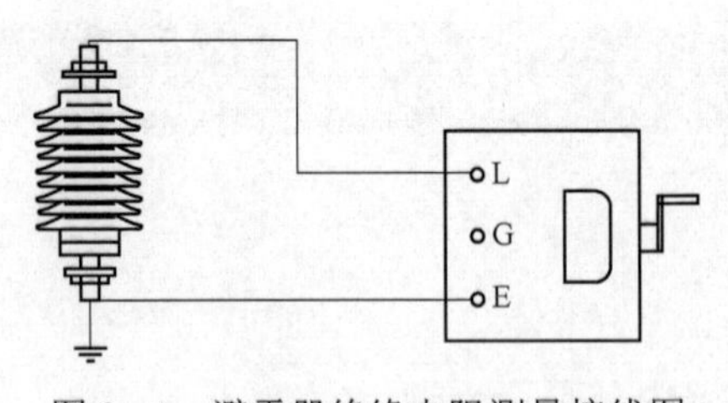

图 8－1　避雷器绝缘电阻测量接线图

七、试验步骤

（1）把避雷器和外线路断开。对避雷器进行充分放电。

（2）检查绝缘电阻表完好，按照图 8－1 接线。

（3）检查试验接线；记录避雷器所处环境温度及湿度。

（4）驱动绝缘电阻表，待绝缘电阻表指针稳定且转速达到 120r/min 后，记录绝缘电阻值和环境温度。

（5）断开接至避雷器高压端的连接线，然后再将绝缘电阻表停止摇表。

（6）避雷器对地充分放电并接地。

（7）按照以上步骤进行其他两相避雷器绝缘电阻测量。

（8）拆除测试线、恢复设备原来状态、清理试验现场。

八、试验注意事项

（1）绝缘电阻表 L 端接线对地应有可靠的绝缘。

（2）测量时，绝缘电阻表应放置水平。

（3）绝缘电阻表的转速应达到额定转速 120r/min。

（4）测量结束后，应先把避雷器放电后再拆线。

（5）读取测量值时，应在指针指示稳定、转速达到额定转速 120r/min 时准确读取。

九、试验结果分析及试验报告编写

（1）试验标准及要求。用 2500V 绝缘电阻表测量，绝缘电阻不应小于 1000MΩ。

（2）试验结果分析。比较绝缘电阻值时应注意温度的影响，一般情况下，绝缘电阻随着温度升高而降低。

1）20℃时绝缘电阻不小于 1000MΩ。

2）首先比较被测避雷器绝缘电阻值与其他相同厂家避雷器绝缘电阻值应无大的变化。

3）把避雷器绝缘电阻测量值换算到同一温度下，比较绝缘电阻测量值与历史测量值或出厂测量值，应没有大的变化。

（3）试验报告的编写。编写报告时项目要齐全，包括试验人员、天气情况、环境温度、湿度、避雷器编号（双重编号）、避雷器参数、试验性质（交接试验、例行试验、诊断性试验）、测量数据、试验结论、绝缘电阻表型号及出厂编号，备注栏应写明其他需要注意的内容。

模块 3　避雷器 1mA 直流电流下电压及 $0.75U_{1mA}$ 下的泄漏电流测量

一、试验目的

测量金属氧化物避雷器的 U_{1mA}，主要是检查金属氧化物阀片是否受潮或老化程度，判断避雷器的动作特性是否符合要求。测量 0.75 倍 U_{1mA} 下的泄漏电流，主要是检查长期运行工作电流是否符合规定。这个泄漏电流和金属氧化物阀片寿命有直接关系，一般情况下在同一温度下泄漏电流与寿命成反比。

二、适用范围

交接试验、例行试验、诊断性试验。

三、试验准备

（1）了解被试设备现场试验条件及历史数据。勘查现场，查阅相关技术资料，包括避雷器、出厂数据、历年试验数据等，掌握该设备运行及缺陷情况。

（2）试验仪器、设备的准备。试验所用仪器仪表：绝缘电阻表、测试线、温（湿）度计、接地线、放电棒。

工器具及材料：万用表、电源盘（带漏电保护器）、安全帽、绝缘手套、电工常用工具、试验临时安全围栏、标示牌等。

（3）办理工作票并做好试验安全和技术措施。对避雷器进行集中测量时，试验人员应该提前做好避雷器的登记造册。对避雷器进行现场测量时，工作负责人向试验人员交代工作内容、现场安全措施、作业现场危险点及应对措施等，明确人员分工及试验程序。作业人员必须经过专业及安全培训，并经考试合格。

四、试验仪器、设备的选择

选择的仪器：直流高压发生器 1 台。直流高压发生器参数有以下要求：

（1）输出电压：大于等于 30kV。

（2）输出电流：大于等于 1.2mA。

（3）输出功率：大于等于 36W。

（4）直流电压输出脉动系数：小于±1.5%。

（5）微安电流准确度大于 1.0 级，电压测量准确度大于 1.0 级。

（6）电源：AC 220V±10%；50Hz±5。

五、危险点分析与预控措施

（1）防止工作人员触电。现场测量时，与检修负责人协调，不允许有交叉作业。在每接、拆试验接线前应将避雷器被试相对地充分放电。工作人员应与带电部位保持足够的安全距离。

（2）防止高处坠落。在登杆时或者 2m 以上平台作业均应戴好安全帽，系好安全带。

（3）防止高处落物伤人。高处作业应使用工具袋，上下传递物件应用绳索拴牢传递，严禁抛掷。

六、试验接线

10kV 避雷器 1mA 直流电流下电压（U_{1mA}）及 $0.75U_{1mA}$ 下的泄漏电流试验接线图如图 8－2 所示。

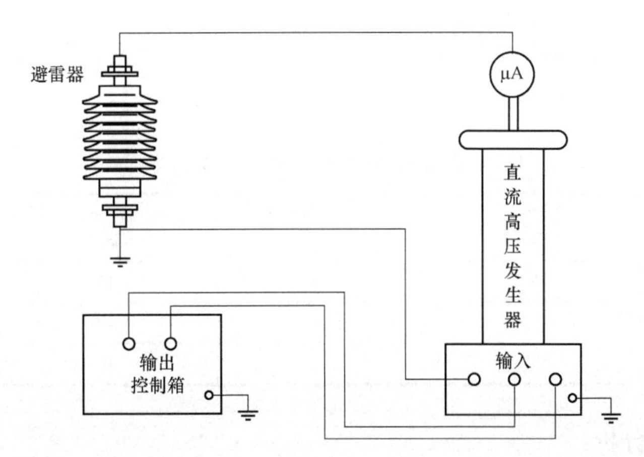

图 8－2　10kV 避雷器 1mA 直流电流下电压（U_{1mA}）及 $0.75U_{1mA}$ 下的泄漏电流试验接线图

七、试验步骤

（1）把避雷器对外的所有接线断开。避雷器进行充分对地放电，表面擦拭干净。

（2）按照图 8－1 正确连接测试线。

（3）再次检查试验接线正确无误。做好测量前的准备工作。

（4）检查直流高压发生器输出电压在零位，接通试验电源，缓慢升高试验电压同时观察电流值。当避雷器通过电流达到 1mA 时，记录电压值 U_{1mA}。

（5）测量 $0.75U_{1mA}$ 下的泄漏电流，记录此泄漏电流值。

（6）把直流高压发生器输出电压缓慢降压至 0V，关闭试验电源。

（7）先用带限流电阻的放电棒把直流高压发生器高压侧引线对地线进行放电，再取掉限流电阻用放电棒把直流高压发生器高压侧引线对地线直接放电，放电时间一般约 2～3min。

（8）测量完毕，拆除接线，恢复避雷器原来状态，清理现场。

八、试验注意事项

（1）直流高压发生器的高压测试线对地应有足够的安全距离，高压测试线与避雷器的夹角尽量大。高压测试线尽量选用屏蔽线。

（2）测量前，应先进行避雷器绝缘电阻测量。若避雷器绝缘电阻不合格，不能进行此项测量。

（3）避雷器直流 U_{1mA} 及 $0.75U_{1mA}$ 下的泄漏电流测量，应采用负极性直流电压。

（4）当泄漏电流增大到 200μA 以后，试验电压升高的速度应放慢。

（5）直流高压发生器的接地和避雷器的接地应可靠连接。

九、试验结果分析及试验报告编写

（1）试验标准及要求。

1）U_{1mA} 实测值与初始值或制造厂规定值比较，变化不应大于±5%；U_{1mA} 实测值不低于 GB 11032 规定值。

2）$0.75U_{1mA}$ 下的泄漏电流不应大于 50μA 或 $0.75U_{1mA}$ 下的泄漏电流与初始值值比较不应大于 30%。10kV 避雷器 1mA 直流电流下参考电压见表 8－3。

表 8－3　　10kV 避雷器 1mA 直流电流下参考电压

类别	额定电压（kV）	持续运行电压（kV）	雷电冲击电流残压（kV）	直流 1mA 参考电压（kV）
电站用避雷器	17	13.6	45	24.0
配电用避雷器	17	13.6	50	25.0
电容器用避雷器	17	13.6	46	24.0

（2）试验结果分析。

1）测量时应记录环境温度，氧化物阀片的温度系数在 0.05%～0.17%，即温度每升高 1℃时，避雷器直流 U_{1mA} 测量值应降低 0.05%～0.17%。

2）当空气湿度较大时，避雷器表面泄漏电流较大影响测量结果，可以对避雷器表面进行擦拭和电吹风，必要时采用屏蔽线。

（3）试验报告的编写。编写报告时项目要齐全，包括试验人员、天气情况、环境温度、湿度、避雷器编号（双重编号）、测量数据、试验性质（交接试验、例行试验、诊断试验）、试验结论、直流高压发生器型号及出厂编号，备注栏应写明其他需要注意的内容。

模块 4　避雷器在运行电压下的交流泄漏电流测量

一、试验目的

当避雷器不能停电时，可以测量避雷器在运行电压下的交流泄漏电流中的阻性电流分量，以此来初步判断避雷器是否存在异常。

无间隙金属氧化物避雷器在运行电压的作用下，必然存在交流泄漏电流。此交流泄漏电流可分解为两个电流分量：阻性电流分量和容性电流分量。无间隙金属氧化物避雷器在正常运行情况下，流过避雷器的交流泄漏电流中主要分量是容性电流分量，而阻性电流分量仅约占交流泄漏电流的 10%～20%。无间隙金属氧化物避雷器在出现阀片老化、阀片受潮、内部绝缘部件损坏、表面严重污秽时，有交流泄漏电流中阻性电流分量会增加很大，而容性电流变化不大的特点。

二、适用范围

交接试验、例行试验、诊断性试验。

三、试验准备

（1）了解被试设备现场试验条件及历史数据。勘查现场，查阅相关技术资料，包括避雷器历年试验数据等，掌握避雷器运行及缺陷情况。

（2）试验仪器、设备的准备。试验所用仪器仪表：避雷器带电测试仪、测试线、绝缘杆。

工器具及材料：万用表、电源盘（带漏电保护器）、安全帽、绝缘手套、绝缘靴、电工常用工具、试验临时安全围栏、标示牌等。

（3）办理工作票并做好试验安全和技术措施。对避雷器进行现场测量时，工作负责人向试验人员交代工作内容、现场安全措施、作业现场危险点及应对措施等，明确人员分工及试验程序。增设一名专职安全监护人。作业人员必须经过专业及安全培训，并经考试合格。

四、试验仪器、设备的选择

选择的仪器：避雷器阻性电流带电测试仪。

仪器技术参数有如下要求：

输入电流信号范围：AC 5～200V；

输入电压信号范围：AC 0～20mA；

测量全电流峰值范围：0～20mA 测量误差：小于±2%；

测量阻性电流峰值范围：0～20mA 测量误差：小于±5%；

测量容性电流峰值范围：0～20mA 测量误差：小于±5%；

测量三次谐波电流范围：0～20mA 测量误差：小于±5%；

测量避雷器功耗范围：0～8W 测量误差：小于±5%。

五、危险点分析与预控措施

（1）防止工作人员触电。现场测量时，专职安全监督人员重点监视，绝缘杆上端测试线与带电部位保持足够的安全距离。工作人员应穿好绝缘鞋。

（2）防止高处坠落。在带电设备区工作应戴好安全帽。

六、试验接线

避雷器交流泄漏电流试验接线图如图 8－3 所示。

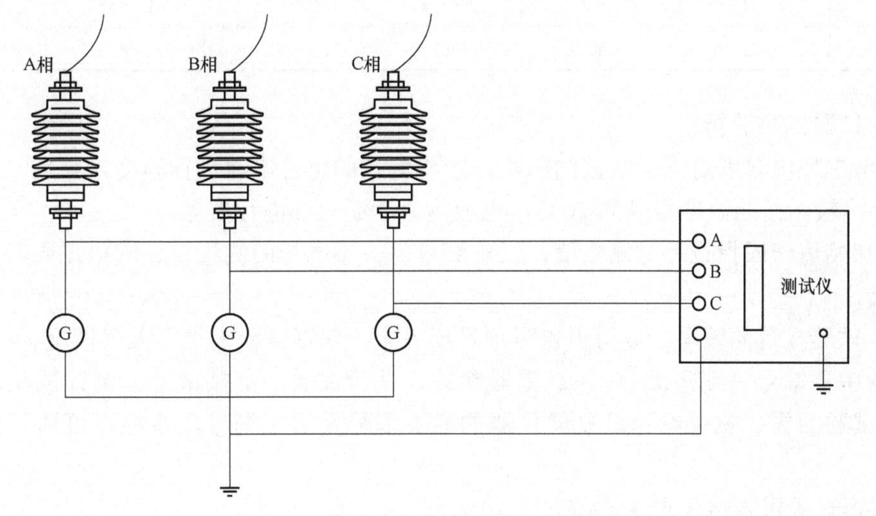

图 8－3　避雷器交流泄漏电流试验接线图

七、试验步骤

（1）按照仪器说明书要求，提前检查试验仪器并做好准备工作。

（2）参照图 8－3 正确接线。

（3）再次检查确认接线正确。

（4）打开试验仪器电源，检查试验数据无异常，按照仪器说明书方法打印试验数据。

（5）关闭仪器电源，拆除接线，清理现场。

八、试验注意事项

（1）带电测量应提前查询天气预报，选择在良好天气。

（2）带电测量前，工作负责人应给工作人员交代危险点及预防措施。时刻注意绝缘杆上端测试线与高压带电导体保持足够的安全距离。

（3）避雷器带电测量应设专职安全监督人员。

（4）操作绝缘杆人员必须戴好安全帽、戴好绝缘手套、穿绝缘靴。

九、试验结果分析及试验报告编写

（1）试验标准及要求。

1）避雷器在运行电压下的全电流、阻性电流应符合产品技术条件的规定。

2）避雷器在运行电压下的全电流、阻性电流或功率损耗的测量值比初始值有明显的变化时，应增加试验次数加强监视。

3）当避雷器阻性电流测量值比初始值增加 1 倍时，应停电测量直流 $1U_{1mA}$ 及 $0.75U_{1mA}$ 值。

4）避雷器在运行电压下阻性电流不能超过总电流的 25%，阻性电流和总电流的夹角 φ 不能小于 75.5°。避雷器在运行电压下阻性电流和总电流的夹角 φ 及性能见表 8－4。

表 8－4　避雷器在运行电压下阻性电流和总电流的夹角 φ 及性能

φ	<75°	75°～77°	78°～80°	81°～83°	84°～86°	>86°
性能	劣	差	中	良	优	出现干扰

（2）试验结果分析。

1）考虑环境温度对试验数据的影响。应将测量的阻性电流进行温度换算后，才能与初始值进行比较。按照温度每升高 10℃，电流增大 3%～5%进行换算。

2）初始值一般指投运时测量值、历史测量值、不同相的测量值、同电压同厂家同型号的测量值。

（3）试验报告的编写。编写报告时项目要齐全，包括试验人员、天气情况、环境温度、湿度、避雷器编号（双重编号）、避雷器参数、试验性质（交接试验、例行试验、诊断性试验）、试验数据、试验结论、试验仪器的名称型号及出厂编号，备注栏可填写需要注意的内容。

避雷器试验报告格式见表 8－5。

表 8-5　　　　避雷器试验报告格式

<table>
<tr><td colspan="8">避雷器试验报告</td></tr>
<tr><td colspan="8">设备名称：</td></tr>
<tr><td colspan="8">1. 设备参数</td></tr>
<tr><td colspan="2">型号</td><td colspan="2"></td><td colspan="3">额定电压（kV）</td><td></td></tr>
<tr><td colspan="2">持续运行电压</td><td colspan="2"></td><td colspan="3">工频参考电压</td><td></td></tr>
<tr><td colspan="2">出厂日期</td><td colspan="2"></td><td colspan="3">制造厂</td><td></td></tr>
<tr><td colspan="2">相别</td><td colspan="2">A 相</td><td colspan="3">B 相</td><td>C 相</td></tr>
<tr><td colspan="2">编号</td><td colspan="2"></td><td colspan="3"></td><td></td></tr>
<tr><td colspan="8">2. 避雷器运行电压下持续电压</td></tr>
<tr><td colspan="2">A 相（μA）</td><td colspan="4">B 相（μA）</td><td colspan="2">C 相（μA）</td></tr>
<tr><td colspan="2"></td><td colspan="4"></td><td colspan="2"></td></tr>
<tr><td colspan="2">试验环境</td><td colspan="6">环境温度：　　℃，湿度：　　%</td></tr>
<tr><td colspan="2">试验设备</td><td colspan="6">名称、规格、编号</td></tr>
<tr><td colspan="6">试验单位及人员：</td><td colspan="2">试验日期：</td></tr>
<tr><td colspan="8">3. 避雷器绝缘电阻、1mA 直流电流下电压（U_{1mA}）及 $0.75U_{1mA}$ 下的泄漏电流测试</td></tr>
<tr><td rowspan="2">相别</td><td rowspan="2">绝缘电阻（MΩ）</td><td colspan="4">1mA 直流电流下电压 U_{1mA}（kV）</td><td rowspan="2" colspan="2">$0.75U_{1mA}$ 下的泄漏电流（μA）</td></tr>
<tr><td>出厂值</td><td colspan="2">试验值</td><td>差值（%）</td></tr>
<tr><td>A 相</td><td></td><td></td><td colspan="2"></td><td></td><td colspan="2"></td></tr>
<tr><td>B 相</td><td></td><td></td><td colspan="2"></td><td></td><td colspan="2"></td></tr>
<tr><td>C 相</td><td></td><td></td><td colspan="2"></td><td></td><td colspan="2"></td></tr>
<tr><td colspan="8">备注：</td></tr>
<tr><td colspan="2">试验环境</td><td colspan="6">环境温度：　　℃，湿度：　　%</td></tr>
<tr><td colspan="2">试验设备</td><td colspan="6">名称、规格、编号</td></tr>
<tr><td colspan="6">试验单位及人员：</td><td colspan="2">试验日期：</td></tr>
<tr><td colspan="8">4. 避雷器试验总结论</td></tr>
<tr><td colspan="8">总结论：</td></tr>
<tr><td colspan="6">审核单位及人员：</td><td colspan="2">日期：</td></tr>
</table>

第九章

绝缘子试验

模块1 绝缘电阻测量

一、试验目的

（1）检查绝缘子的绝缘状况；

（2）通过绝缘电阻测量检查绝缘子是否存在瓷质受潮、裂纹、绝缘劣化和绝缘击穿等缺陷。

二、适用范围

交接、预试、诊断性试验。

三、试验准备

（1）了解被试设备的情况及现场试验条件。查勘现场，查阅相关技术资料，包括历年试验数据及相关规程，掌握设备运行及缺陷情况。

（2）试验仪器、设备的准备。试验所用仪器仪表：绝缘电阻表/绝缘电阻测试仪，查阅试验仪器检定证书有效期，保证仪器在校验有效期内，具有校验报告且状况良好。

工器具及材料：放电棒、接地线、验电器、安全带、安全帽、安全围栏、标示牌等，并查阅绝缘工器具的检定证书有效期，保证工器具在校验有效期内。

（3）办理工作票并做好试验现场安全和技术措施。工作负责人向试验人员交代工作内容、现场安全措施、现场作业危险点等，明确人员分工及试验程序。

四、试验仪器、设备的选择

2500V 及以上的绝缘电阻表。

五、危险点分析与预控措施

（1）防止高处坠落。作业人员攀爬时需佩戴安全帽，穿胶鞋，系好安全带，安全带不准高挂低用，移动过程中不得失去安全带的保护。

（2）防止高处落物伤人。高处作业应使用工具袋，上下传递物件应使用绳索拴牢传递，严禁采用抛物形式传递工具。进入现场人员应该佩戴安全帽。

（3）防止工作人员触电。拆、接试验接线前，应将被试设备对地充分放电。在放电过程中，严禁人员触及设备金属部分，搬运仪器、工具、材料时与带电设备应保持足够的安全距离。测量引线要连接牢固，接线要正确无误，高压引线应尽量缩短，并采用专用的高压测试线，必要时用绝缘物支持牢固。在不拆开设备连线进行试验时，应防止试验电压经过设备连线引到其他设备上，造成其他人员触电。试验仪器的金属外壳应可靠接地。升压前应检查同一连线上的非被试设备上是否有人工作，并有人进行监护。

（4）作业区内装设遮栏（围栏），禁止非作业人员进入。试验现场应装设绝缘围栏和安全警示标示牌，并安排专人进行监护。试验工作中途停止且工作人员离开现场时，在离开前应断开试验电源，防止他人合闸时试验设备带电，工作恢复前，应该重新检查试验接线。

六、试验接线

将绝缘电阻表“L”端和“E”端分别接于被测绝缘子两端的金属和瓷质部分上进行绝缘电阻测量。绝缘子绝缘电阻试验接线图如图 9－1 所示。

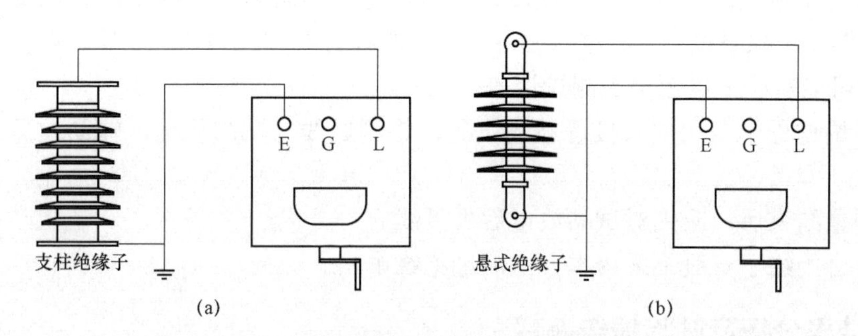

图 9－1　绝缘子绝缘电阻试验接线图

（a）支柱式绝缘子绝缘电阻试验接线图；（b）悬式绝缘子绝缘电阻试验接线图

七、试验步骤

（1）拆除被试设备电源，断开绝缘子对外的一切接线。将绝缘子接地放电，放电时应该使用绝缘棒等工具进行，不得用手触碰放电导线。

（2）用干燥清洁柔软的布擦去被试品表面的污垢，必要时可先用汽油或其他适当的去垢剂洗净表面的积垢，以消除表面的影响。擦拭干净后将绝缘子放在干燥的物品之上。

（3）检查绝缘电阻表：将绝缘电阻表档位放置电池检测档，检查绝缘电阻表电池是否充足；将绝缘电阻表放置在水平位置，防止剧烈振动，将“L”和“E”两个接线柱短路，看指针是否指在“0”；将“L”和“E”两个接线柱开路，摇动发电机手柄，阻值为“∞”。

（4）将绝缘电阻表的“L”和“E”两个接线柱分别接在绝缘子两端的金属和瓷质部分上进行摇测，连接导线选用绝缘良好的单支多股铜芯绝缘线。（在摇测前 L 端不接）

（5）摇测：手摇发电机要保持匀速，不可过快或过慢，适宜的转速为 120r/min。测量时先手摇发电机保持匀速，将转速升至 120r/min 后，再将测试线与试品连接。

（6）待转速稳定 60s 后，正确读取并记录数值。

（7）完成测量后，应先断开绝缘电阻表“L”端接至绝缘子的连接线，再将绝缘电阻表停止运转，同时必须将被试物短接后对地充分放电。

八、试验注意事项

（1）一般应在干燥、晴天、环境温度不低于 5℃时进行测量，在阴雨潮湿天气及湿度较大时应暂停测量。

（2）测量多元件支柱绝缘子每一元件的绝缘电阻时，应在分层胶合处绕铜线，然后接到绝缘电阻表上，以免在不同位置测得的绝缘电阻数值相差太大，而造成误判断。

（3）“L”端接线对地应有可靠的绝缘，若采用手摇式绝缘电阻表，其转速应达到额定转速（120r/min），测量时绝缘电阻表应放平。

（4）必要时装设屏蔽环。被试物的表面脏污或受潮会使其表面电阻率大大降低，绝缘电阻将明显下降，必须设法消除表面泄漏电流的影响，为了避免表面泄漏电流的影响，测量时应在绝缘表面加等电位屏蔽环，且应靠近“L”端子装设。

（5）为防止接线因绝缘不良造成测量误差，绝缘电阻表连接线应用绝缘良好的单支多股软线，不得使用裸导线、单股绝缘硬导线、双股并行线和绞线，且测量时两根线不要绞在一起，并尽可能短些，以免引起测量误差。

（6）测量过程中禁止他人接近被测设备，将测试线与试品相连，辅助人员必须戴绝缘手套。

（7）测量结束后，应先对试品放电后再拆线。

（8）复合绝缘子一般不采用本方法测量绝缘电阻。

九、试验结果分析及试验报告编写

（1）试验标准及要求。

1）每片悬式绝缘子的绝缘电阻不应低于 500MΩ，35kV 及以下支柱绝缘子的绝缘电阻不低于 500MΩ，半导体釉绝缘子的绝缘电阻自行规定。

2）绝缘子的绝缘电阻小于 300MΩ 且大于 240MΩ 可判定为低值绝缘子；绝缘子的绝缘电阻小于 240MΩ 可判定为零值绝缘子。

3）新装绝缘子的绝缘电阻应大于或等于 500MΩ；运行中绝缘子的绝缘电阻应大于或等于 300MΩ。

（2）试验结果分析。

1）对于单元件的绝缘子，只能在停电的情况下测量其绝缘电阻，对于多元件组合的绝缘子，可停电、也可带电测量其绝缘电阻。

2）清洁干燥良好的绝缘子绝缘电阻是很高的，只有当灰尘或潮气侵入裂纹时，绝缘电阻才会显著降低。测量过程中，如果绝缘电阻迅速下降（到零），说明被测设备有短路现象，应停止测试。

3）当带电测出绝缘子为零值绝缘子，但其绝缘电阻大于 300MΩ，应摇测其相邻良好绝缘子，比较二者的绝缘电阻，若绝缘电阻相差较大仍视为不合格。

4）对于多元件组合的绝缘子，可停电、也可带电测量其绝缘电阻。其方法是用高电阻接至带电的绝缘子上，使测量绝缘电阻的绝缘电阻表处于低电位，从测得的绝缘电阻中减去高电阻的电阻值，即为被测绝缘子的绝缘电阻值。

5）被试物的表面脏污或受潮会使其表面电阻率大大降低，绝缘电阻将明显下降。必须设法消除表面泄漏电流的影响，以获得正确的测量结果。

6）剩余电荷的存在会使测量数据虚假地增大或减小，从而导致测量结果出现偏差，为了得到准确测量数据，要求在试验前先对绝缘子进行充分放电。

7）棒式支柱绝缘子（实心）不进行此项试验。

8）一般情况下，绝缘电阻随温度升高而降低。

（3）试验报告编写。编写报告时项目要齐全，包括试验人员、天气情况、环境温度、湿度、设备运行编号（双重编号）、设备参数、试验性质（交接、检查、例行、诊断）、试验结果、试验结论、试验仪器名称型号及出厂编号，备注栏应写明其他需要注意的内容，如是否拆除引线等。

模块 2　绝缘子交流耐压试验

一、试验目的

（1）判断绝缘子抗电强度及绝缘强度；

（2）检查绝缘子是否存在内部缺陷；

（3）预防试验时，可用交流耐压试验代替电压分布和绝缘电阻测量，或者用它来最后判断用上述方法检出的绝缘子。

二、适用范围

交接、预试、诊断性试验。

三、试验准备

（1）了解被试设备的情况及现场试验条件。查勘现场，查阅相关技术资料，包括历年试验数据及相关规程，掌握设备运行及缺陷情况。

（2）试验仪器、设备的准备。试验所用仪器仪表：成套交流耐压试验装置，查阅试验仪器检定证书有效期，保证仪器在校验有效期内，具有校验报告，状况良好。

工器具及材料：放电棒、接地线、验电器、安全带、安全帽、绝缘手套、安全围栏、标示牌等，并查阅绝缘工器具的检定证书有效期，保证工器具在校验有效期内。

（3）办理工作票并做好试验现场安全和技术措施。工作负责人向试验人员交代工作内容、现场安全措施、现场作业危险点等，明确人员分工及试验程序。

四、试验仪器、设备的选择

成套交流耐压试验装置，包括工频试验变压器、高压试验控制箱、保护球隙、保护电阻器、分压器、电压表、绝缘电阻表、测试线（夹）。

五、危险点分析与预控措施

（1）防止高处坠落。作业人员攀爬时需佩戴安全帽，穿胶鞋，系好安全带，安全带不准高挂低用，移动过程中不得失去安全带的保护。

（2）防止高处落物伤人。高处作业应使用工具袋，上下传递物件应使用绳索拴牢传递，严禁采用抛物形式传递工具；进入现场人员应该佩戴安全帽。

（3）防止工作人员触电。拆、接试验接线前，应将被试设备对地充分放电，在充分放电过程中，严禁人员触及设备金属部分。测量引线要连接牢固，试验仪器的金属外壳应可靠接地。试验场地四周装设安全警戒带或绝缘遮拦，并悬挂“止步、高压危险”的标示牌，且有专人监护，无关人员禁止入内。

（4）保证试验接线及操作步骤正确。加压前必须认真检查试验接线、表计倍率、量程、调压器零位及仪表的开始状态均正确无误，通知有关人员离开被试设备，并取得试验负责人许可，方可加压。加压过程中应有人监护并呼唱。在加压过程中，试验人员应精力集中，操作人应站在绝缘垫上。试验中如发生异常情况，应立即断开电源，并接地放电后方可进行检查。

六、试验接线

用绝缘导线将控制箱、试验变压器，电压表，分压器按接线图进行正确连接，将试验变压器高压接线柱接于被测绝缘子一端金属件上，绝缘子另一端接地，进行交流耐压试验。绝缘子交流耐压试验接线图如图 9－2 所示。

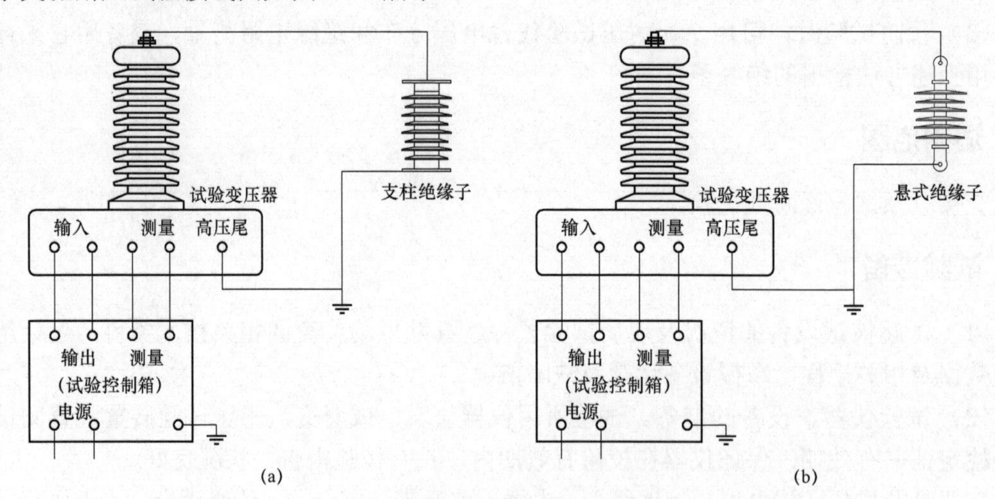

图 9－2　绝缘子交流耐压试验接线图

（a）支柱式绝缘子交流耐压试验接线图；（b）悬式绝缘子交流耐压试验接线图

七、试验步骤

（1）断开被测绝缘子的电源，拆除或断开对外的一切连线，并将其接地进行充分放电。

（2）用干燥清洁柔软的布擦去被试绝缘子表面的污垢，必要时可先用汽油或其他适当的去垢剂洗净套管表面的积垢。

（3）测量交流耐压试验之前绝缘子的绝缘电阻值。

（4）按照接线图接线，检查试验接线正确、调压器零位后，不接试品进行升压，试验过电压保护装置是否正常。

（5）断开试验电源，降低电压为零，将高压引线接上试品，被试绝缘子分片放在地电位砂盘中，绝缘子钢脚端应连接在试验变压器高压接线柱上。接通电源，开始升压进行试验。

（6）升压必须从零（或接近零）开始，切记不可冲击合闸；小于 75%试验电压时，升压速度可以任意，自 75%试验电压开始应均匀升压，约以每秒 2%试验电压的速率升压，加到试验电压时开始计时。

（7）升压过程中密切监视高压回路和仪表指示，始终注意观察表计指示变化、试验控制回路动作情况，并注意监听设备有无异常声音，是否发生击穿声响；外部有无闪络放电、冒火焦臭等异常情况。如发现以上异常情况应迅速降压，并断开电源停止试验，查明原因后再进行试验。

（8）升至试验电压，开始计时并读取试验电压，稳定计时 1min 后迅速逆时针旋转调压器调压旋钮至零位，降压到零，按分闸键，此时分闸指示灯亮，合闸指示灯灭。然后切断外部电源，放电，挂接地线，拆除试验接线，试验结束。

（9）测量交流耐压试验之后母线的绝缘电阻值。

八、试验注意事项

（1）试验时被试品温度不低于 5℃，户外试验时应在良好天气进行，且空气相对湿度一般不高于 80%。

（2）被试品应与其他设备断开，且断开口按所加试验电压保持足够的安全距离，由于电压较高，附近可能感应电压的设备也要做好安全措施。

（3）必须在被试设备的非破坏性试验都合格后才能进行此项试验，如有缺陷（例如受潮）应排除缺陷后进行交流耐压试验。

（4）被试设备的绝缘表面应该擦拭干净，且应该排除湿度、温度、表面脏污等影响。

（5）试验过程中，不得接近高压试验变压器及被测试品，保持安全距离，以防触电。

（6）旋动调压旋钮时，若红灯未灭，说明线路连接有问题或者是调压器回零时不到位，在升压或耐压过程中，如发现电压表指针摆动很大、绝缘子闪络或跳弧、被试绝缘子发生较大而异常的放电声等不正常现象时应立即断开电源，停止试验，检查出不正常的原因。

（7）对运行中的 35kV 变电所内的支柱绝缘子，可以连同母线进行整体耐压试验，试验电压为 100kV，时间为 1min。但耐压试验完毕后，必须测量各胶合元件的绝缘电阻，以检出不合格的元件。

（8）应该对被试品应按绝缘子安装顺序进行编号，记录杆号、相别、单片编号、温度、湿度、气压和耐压试验结果。

（9）纯瓷式绝缘子不存在累计效应，所以交接试验电压同出厂试验电压相同；非纯瓷绝缘子存在着累计效应，所以交接试验电压低于出厂试验电压。

九、试验结果分析及试验报告编写

（1）试验标准及要求。根据 Q/CSG 114002—2011《电气设备预防性试验规程》关于绝缘子试验相关标准，交流耐压时间为 1min，机械破坏负荷为 60～300kN 的盘形悬式绝缘子交流耐压均取 60kV，支柱绝缘子交流耐压试验电压见表 9－1。

表 9－1　支柱绝缘子交流耐压试验电压

额定电压（kV）	最高工作电压（kV）	交流耐压试验电压（kV）			
		纯瓷绝缘		固体有机绝缘	
		出厂	大修	出厂	大修
3	3.5	25	25	25	22
6	6.9	32	32	32	26
10	11.5	42	42	42	38

（2）试验结果分析。

1）交流耐压试验在规定的持续时间内不发生击穿为合格，反之为不合格。被试设备是否击穿，可通过表计的指示是否异常如电流表突然上升，试验控制回路动作以及被试设备是否发生击穿声响，发生持续放电声响、冒烟、焦臭、跳火以及燃烧等来判断。

2）以 3～5kV/s 加压速度升到标准试验电压后，若出现异常放电声，被试绝缘子闪络，电压表指针摆动很大，应判定为不合格。

3）被试前后分别测量绝缘子的绝缘电阻，耐压试验前后绝缘电阻不应下降超过 30%，否则就认为不合格。

4）试验后，应立刻进行触摸，如出现普遍或局部发热，就认为绝缘不良，需要处理，然后再进行试验。

5）在试验过程中若空气湿度、温度、或表面脏污等的影响，仅引起表面滑闪放电或空气放电，则不应认为不合格，在经过清洁、干燥等处理后再进行实验。若并非由于外界因素影响，而是由于瓷件表面釉层绝缘损伤、老化等引起的（如加压后表面出现局部红火），则应认为不合格。

6）试验结束后把试验结果换算到同一温度（20℃）度进行对比分析；将试验结果与专业规程、标准进行比较分析；与同类设备试验结果进行横向比较；与该设备历次（年）试验结果进行趋势比较分析，从而进行综合分析。

7）应根据设备绝缘结构特点、运行工况、电网异常等情况进行综合分析，必要时安排特殊试验项目，对设备进行进一步试验。

（3）试验报告编写。编写报告时项目要齐全，包括试验人员、天气情况、环境温度、湿度、设备运行编号（双重编号）、设备参数、试验性质（交接、检查、例行、诊断）、试验结果、试验结论、试验仪器名称型号及出厂编号，备注栏应写明其他需要注意的内容，如是否拆除引线等。

绝缘子试验报告见表 9－2。

表 9－2　　　　绝缘子试验报告

<table>
<tr><td colspan="7">绝缘子试验报告</td></tr>
<tr><td colspan="7">设备名称：</td></tr>
<tr><td colspan="7">1. 设备参数</td></tr>
<tr><td>型号</td><td colspan="2"></td><td colspan="2">额定电压（kV）</td><td colspan="2"></td></tr>
<tr><td>持续运行电压（kV）</td><td colspan="2"></td><td colspan="2">工频参考电压（kV）</td><td colspan="2"></td></tr>
<tr><td>出厂日期</td><td colspan="2"></td><td colspan="2">制造厂</td><td colspan="2"></td></tr>
<tr><td colspan="7">2. 绝缘子绝缘电阻</td></tr>
<tr><td rowspan="2">绝缘子编号</td><td colspan="2">A 相（MΩ）</td><td colspan="2">B 相（MΩ）</td><td colspan="2">C 相（MΩ）</td></tr>
<tr><td>耐压前</td><td>耐压后</td><td>耐压前</td><td>耐压后</td><td>耐压前</td><td>耐压后</td></tr>
<tr><td></td><td></td><td></td><td></td><td></td><td></td><td></td></tr>
<tr><td></td><td></td><td></td><td></td><td></td><td></td><td></td></tr>
<tr><td></td><td></td><td></td><td></td><td></td><td></td><td></td></tr>
<tr><td>试验环境</td><td colspan="3">温度：　　℃</td><td colspan="3">湿度：　　%</td></tr>
<tr><td>试验设备</td><td colspan="6">名称、规格、编号</td></tr>
<tr><td colspan="5">试验单位及人员：</td><td colspan="2">试验日期：</td></tr>
<tr><td colspan="7">3. 绝缘子交流耐压试验</td></tr>
<tr><td rowspan="2">编号</td><td colspan="2">绝缘电阻（MΩ）</td><td colspan="2" rowspan="2">试验电压（kV）</td><td colspan="2" rowspan="2">试验时间（min）</td></tr>
<tr><td>试验前</td><td>试验后</td></tr>
<tr><td></td><td></td><td></td><td colspan="2"></td><td colspan="2"></td></tr>
<tr><td></td><td></td><td></td><td colspan="2"></td><td colspan="2"></td></tr>
<tr><td></td><td></td><td></td><td colspan="2"></td><td colspan="2"></td></tr>
<tr><td colspan="7">备注：</td></tr>
<tr><td>试验环境</td><td colspan="3">环境温度：　　℃</td><td colspan="3">湿度：　　%</td></tr>
<tr><td>试验设备</td><td colspan="6">名称、规格、编号</td></tr>
<tr><td colspan="5">试验单位及人员：</td><td colspan="2">试验日期：</td></tr>
<tr><td colspan="7">4. 绝缘子试验总结论</td></tr>
<tr><td colspan="7">结论：</td></tr>
<tr><td colspan="5">审核单位及人员：</td><td colspan="2">日期：</td></tr>
</table>

第十章

配电线路定相测量

10kV 配电网络的供电形式中，有同一电源的环网供电，也有电源间的“手拉手”供电。这种在两条线路的环网处或“拉手”处一般均装设联络断路器。我们在联络断路器合闸工作前，必须核定联络断路器两侧的三相相位完全一致。

一、试验目的

测量配电线路联络处两侧相位是否一致。防止配电线路合环后发生短路，或配电网络在运行方式调整后确保三相供电的相位不变，电力负荷的正常运行。

二、适用范围

交接试验、诊断性试验。

三、试验准备

（1）了解被试设备现场试验条件。勘查现场，了解现场测量条件，查阅相关技术资料，掌握同联络点相关的配电网运行方式。

（2）试验仪器、设备的准备。试验所用仪器仪表：高压定相仪、操作绝缘杆。

工器具及材料：安全帽、绝缘手套、绝缘靴、电工常用工具、试验临时安全围栏、标示牌等。

（3）办理工作票并做好试验安全和技术措施。在测量前，工作负责人向试验人员交代工作内容、现场安全措施、作业现场危险点及应对措施等，明确人员分工及试验程序。作业人员必须经过专业及安全培训，并经考试合格。

四、试验仪器、设备的选择

无线定相仪核心部件如图 10－1 所示。

适用于 10kV 电压等级的高压定相仪。高压定相仪分有线式和无线式两种，目前多选择使用无线式高压定相仪。

无线定相仪核心部件一般由两部分组成：发射器、手持式接收器。发射器安装在足够长度的绝缘杆上。

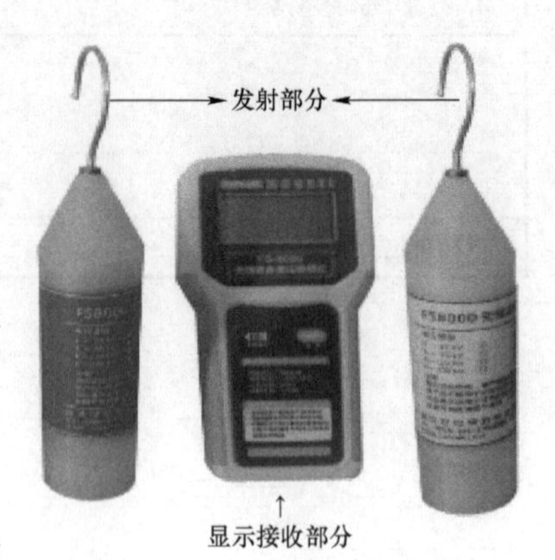

图 10－1　无线定相仪核心部件

五、危险点分析与预控措施

（1）防止工作人员触电。现场测量时，操作人员应戴好安全帽、戴好绝缘手套、穿好绝缘靴。检查操作绝缘杆试验合格且表面完好，带电体距离人员有足够的爬电距离。人体与带电部位保持足够的安全距离。

（2）防止高处坠落。在带电线路下方工作工作应戴好安全帽。如有登高工作，需要系上安全带。

六、试验接线

无线定相仪试验接线图如图 10－2 所示。

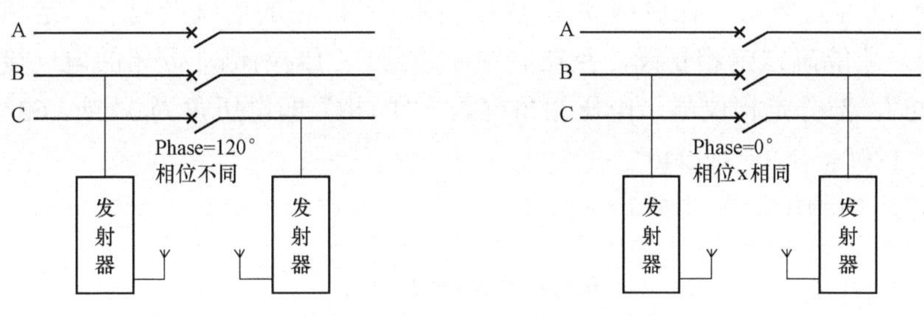

图 10－2　无线定相仪试验接线图

七、试验步骤

（1）检查仪器各组件是否在试验周期内。特别是绝缘杆的绝缘是否完好。

（2）按照仪器说明，完成各组件的安装。并检查完好。

（3）勘查现场，选择试验人员每次操作的站立位置和发射器在电气设备上接触位置。

（4）定相前，应先在已知带电设备上检查定相仪是否完好。操作人先把两个发射器挂在同一相带电体上，观察到发射器显示带电信号，此时接收器应报“同相”结论；再把其中一个发射器挂在另一相带电体上，此时接收器应报“不同相”。通过上述检测，说明定相仪完好。

（5）正式操作定相测量。把一个发射器挂在联络点基准侧一相带电体上，把另一个发射器挂在对侧对应相带电体上，两个发射器均显示带电信号，此时接收器应报“同相”结论或者显示“相角度”在±30°范围；把对侧的发射器移到另一相，接收器应报“不同相”结论或显示“相角度”不在±30°范围。

（6）按照以上步骤完成基准侧其他两相的测量。记录人员同时做好记录。

（7）只有在联络处两侧的电气接线对应三相均报“同相”结论时，才能确定定相正确结论。否则，应查明原因。

（8）清理现场。

八、试验注意事项

（1）试验人员应注意戴好安全帽、戴好绝缘手套、穿好绝缘靴，并遵守《电力安全规程》中带电操作的具体规定。

（2）定相测量属于带电操作，所以应注意人与带电体的距离、操作绝缘杆与带电体距离及有效爬电距离。

（3）操作人员手持绝缘杆的位置不能超过警示位置。

（4）现场试验人员不能少于四人。一人监护下令，两人分别手持绝缘杆发射器操作，一人手持接收器并做记录。

（5）在无线信号有效传输距离范围内，进行测量。

（6）定期检查发射器和接收器的电池，以免影响仪器的正常使用。

九、试验报告编写

（1）试验标准及要求。在联络断路器或刀闸两侧同相的电气接线上，定相仪均报三相“同相”结论，才能确定定相正确，且在联络断路器或刀闸两侧非同相的电气接线上，定相仪报“非同相”。部分定相仪显示电压相角度数，“同相”即电压角为0°或360°，“非同相”即电压角为－120°、120°或240°。

配电线路定相测量报告见表10－1。

表10－1　　配电线路定相测量报告

配电线路定相测量报告			
联络处名称			
测试时间		测量环境温度	
使用仪表			
测量点位置			
试验结果记录：			
试验项目	对应侧A	对应侧B	对应侧C
基准侧A			
基准侧B			
基准侧C			
试验结论			
试验单位		试验人员	
记录人员		审核人员	
备注			

（2）试验报告的编写。编写报告时项目要齐全，包括试验人员、天气情况、环境温度、湿度、联络断路器名称编号（双重编号）、设备参数、试验性质（交接试验、诊断性试验）、试验数据、试验结论、试验仪器名称型号及出厂编号，备注栏可填其他需要注意的内容。

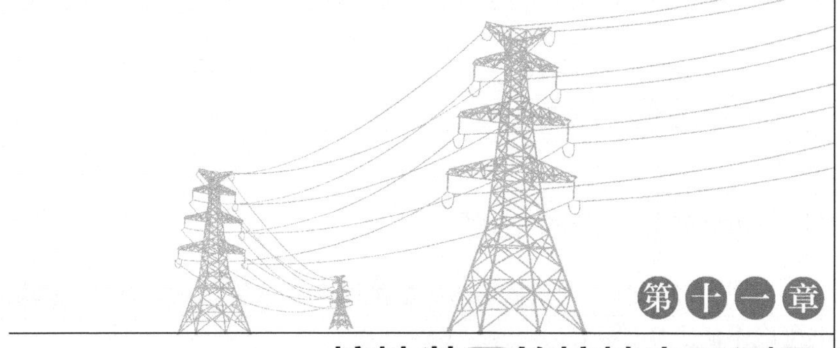

第十一章 接地装置的接地电阻测量

配电网中的电气设备或杆塔等的特定部位需要与大地土壤有可靠电气连接。这种接地主要是为了保证电气设备的正常运行或人身的安全。

配电网中电气设备的接地一般分为：工作接地、保护接地和防雷接地三类。工作接地是为了保证在电网系统在正常运行状态和故障状态能可靠地工作。如消弧线圈的接地、配电变压器低压侧中性点接地；保护接地主要是为了保护人身或设备的安全。如电气设备的外壳接地；防雷接地主要是为了保证防雷设备的正常工作，避免电气设备免遭雷电的危害。如避雷器和避雷针的接地。

通过接地装置可以达到设备与大地的可靠电气连接，接地装置一般是由接地引下线和接地极两部分组成。当电流经过接地引下下线、接地极到大地时，呈现出来一定的电阻。这种电阻称为这个接地装置的接地电阻。

一、试验目的

通过测量接地装置的电阻值来判断其接地电阻值是否合格。

因为合格的接地电阻在保证电力设备的安全和人身安全方面起着决定性作用。然而接地装置埋在地下受到多方面因素的影响，例如土壤对接地装置的腐蚀作用、土壤电阻率的增大、外力对接地装置的破坏，最终导致其接地电阻会发生变化。为了解接地电阻的变化情况，需要定期对接地装置的接地电阻。

二、适用范围

交接试验、例行试验、诊断性试验。

三、试验准备

（1）了解被试设备现场试验条件及历史数据。勘查现场了解现场测量条件，查阅相关技术资料，包括接地装置历年试验数据等，掌握接地装置的运行及大修情况。

（2）试验仪器、设备的准备。试验所用仪器仪表：接地电阻测量仪、测试线（5、20、40m 各一根）、接地探针两支、温（湿）度计。

工器具及材料：安全帽、电工常用工具、试验临时安全围栏、标示牌等。

（3）办理工作票并做好试验安全和技术措施。对接地装置的接地电阻进行现场测量时，工作负责人向试验人员交代工作内容、现场安全措施、作业现场危险点及应对措施等，明确人员分工及试验程序。作业人员必须经过专业及安全培训，并经考试合格。

四、试验仪器、设备的选择

选用国产 ZC－8 型或者 ZC29 型接地电阻测量仪或者数字式接地电阻测试仪；测量仪的准确度不低于 0.1 级。

五、危险点分析与预控措施

（1）防止摔伤或被蛇咬。在布置电流线和电压线时，应留意地形地貌，在复杂地形或高草地区，应手持探路棍前进布线，防止摔伤或被蛇咬。

（2）防止工作人员触电。在测量时，禁止用手触碰测试线或探针，以免触电。

六、试验接线

接地电阻测量，根据仪表电流线和电压线布置方式不同，可分为直线测量法和 30° 夹角测量法。一般来讲，大型的接地装置如接地网用 30° 夹角测量法测量接地电阻值，一般的接地装置用直线测量法测量接地电阻值。直线测量法是在配电网接地电阻测量中运用最多最普遍的一种方法。

接地电阻测量仪的 E 端子接接地装置引上线，P 端子接电压极探针，C 端子接电流极探针。

（1）直线测量法。测量时，把被测量的接地装置、电压探针接地极及电流探针接地极按照一条直线布置。通常情况下，接地装置与电压探针接地极间距离 20m，接地装置与电流探针接地极间距离 40m。

当接地装置的最大对角线长度为 D，电流探针接地点距离接地装置的距离为 4～5D，电压探针接地点距离接地装置的距离为 0.618 倍的 4～5D。受到地理环境的影响 4～5D 距离有困难时，电流探针接地点距离接地装置的距离可取 2D，电压探针接地点距离接地装置的距离为 0.618 倍的 2D。

前后移动电压探针接地极，每次移动距离为电流探针接地点距离接地装置距离的 5%，分别测出这三点的接地电阻值。直线测量法接线原理图如图 11－1 所示。

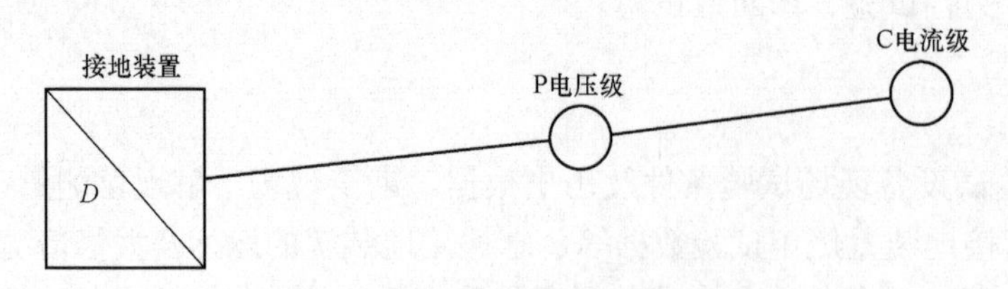

图 11－1　直线测量法接线原理图

（2）30° 夹角测量法。测量时，以大型接地装置为顶点，电压探针接地极与电流探针接地极成 30° ～45° 夹角。设接地装置的最大对角线长度为 D，电流探针接地点距离接地装置的距离为 2D，电压探针接地点距离接地装置的距离也为 2D。

在电压探针接地极与电流探针接地极成 30° ～45° 夹角间，测量三点接地电阻值。30° 夹角测试法接线原理图如图 11－2 所示。三线法试验接线图如图 11－3 所示。四线法试验接线图如图 11－4 所示。

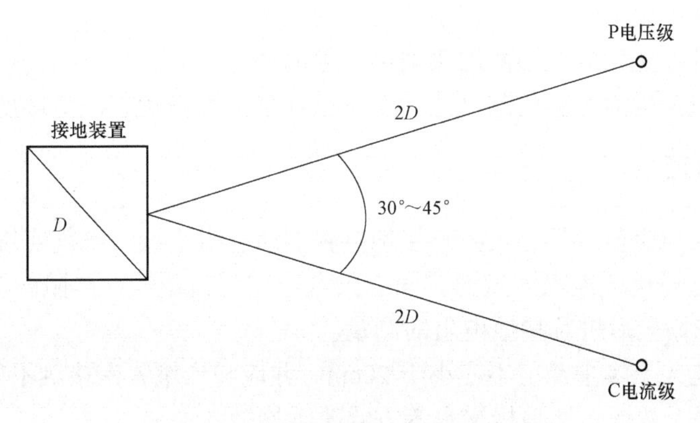

图 11－2　30° 夹角测试法接线原理图

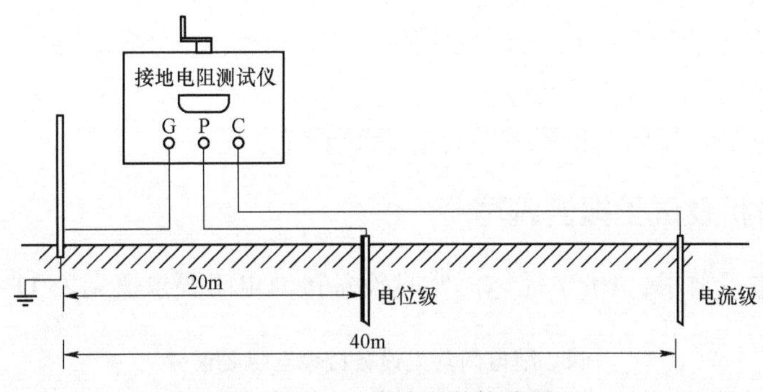

图 11－3　三线法试验接线图

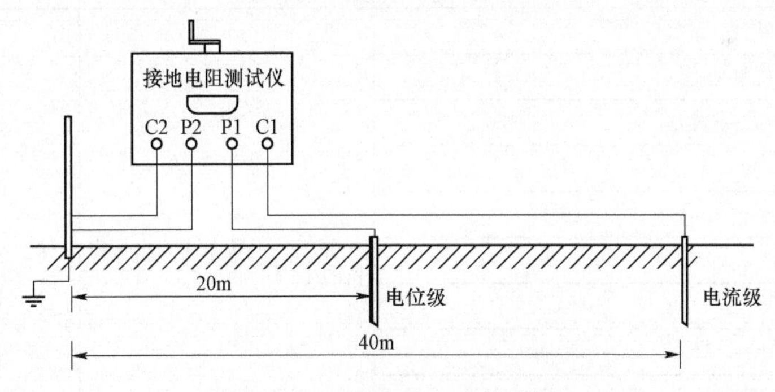

图 11－4　四线法试验接线图

七、试验步骤

（1）记录被测接地装置名称、测量环境温度、使用的测试仪表型号厂家编号等信息。

（2）确定接地装置测量点并选择测量方法，根据地形确定电流电压接地极的放线方向。

（3）检查仪表、电流电压测试线完好。

（4）根据接地装置最大对角线长度计算电流探针接地极到接地装置距离和电压探针接地极到接地装置距离。按照试验接线原理图可靠接线，接地极牢靠扎入地中。

（5）断开接地装置引上线，按照图 11－3 和图 11－4。

（6）检查所有接线是否正确。

（7）按照仪表说明操作测量，记录接地电阻测量值。

（8）改变探针位置完成其他两次接地电阻值的测量。

（9）测量完成后拆除所有的测试线，恢复接地装置原来状态，清理现场。

八、试验注意事项

（1）测量接地电阻前，拆除设备与接地装置的所有引下线，电气连接必须全部断开。

（2）合适地选择接地电阻测量的时间、天气。如避雷器接地电阻的测量应该在雷雨季节前进行。不能在雨天后进行接地电阻的测量。

（3）接地极扎入土壤中深度不应小于 20cm。并应和土壤紧密接触不能松动，如果接触不好可增加接地极个数或给接地极浇水等方式改善接触。

（4）电流电压测试线的绝缘应良好。电流测试线的线径应满足要求。

（5）应该检查接地装置的每一根接地引下线接地电阻值的测量数据，或者再次采用导通试验检查每根接地引下线是否良好。

（6）防雷接地的测量应在雷雨季节前的晴朗天气进行。

九、试验结果分析及试验报告编写

（1）试验标准及要求。10kV 配电网常见设备接地电阻要求值见表 11－1。

表 11－1　　10kV 配电网常见设备接地电阻要求值

<table>
<tr><th>设备名称</th><th>电阻值要求</th><th>周　期</th></tr>
<tr><td>柱上断路器金属外壳接地</td><td rowspan="11">不大于 10Ω 且不大于初始值的 1.3 倍</td><td rowspan="12">1）交接试验时；
2）首次试验：投运后 3 年；
3）其他例行试验：6 年；
4）大修后试验</td></tr>
<tr><td>柱上隔离开关金属外壳接地</td></tr>
<tr><td>柱上无功补偿设备金属外壳接地</td></tr>
<tr><td>电力电缆接地</td></tr>
<tr><td>电缆分支箱接地</td></tr>
<tr><td>开关柜金属外壳接地</td></tr>
<tr><td>高压计量箱金属外壳</td></tr>
<tr><td>避雷器接地</td></tr>
<tr><td>距离变电站 1km 内杆塔接地</td></tr>
<tr><td>独立避雷针</td></tr>
<tr><td>100kVA 及以上配变中性点、外壳接地</td></tr>
<tr><td>100kVA 以下配变中性点、外壳接地</td><td>不大于4Ω且不大于初始值的 1.3 倍</td></tr>
</table>

（2）试验结果分析。

1）三次测量的电阻值的相对误差必须在 3%以内，方为有效。然后取三次测量值的平均值为试验结果数值。

2）接地装置的试验结果数值，应该符合相关规程的要求。

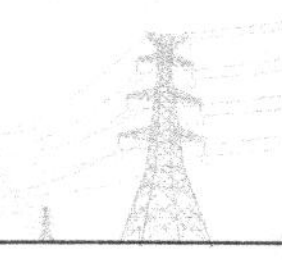

3）本次试验数据和历史几次试验数据进行对比，来判断接地装置有无异常变化。如果接地电阻数值增大时，通过分析决定是否开挖检查。

4）试验结果数值受到土壤湿度的影响较大。在进行数据比对时应根据经验定性其影响。

（3）试验报告的编写。编写报告时项目要齐全，包括试验人员、天气情况、环境温度、湿度、接地装置编号（双重编号）、接地装置参数、试验性质（交接试验、例行试验、诊断性试验）、试验数据、试验结论、接地电阻测试仪型号及出厂编号。

接地装置接地电阻试验报告见表 11－2。

表 11－2　　接地装置接地电阻试验报告

接地装置接地电阻试验报告			
被测接地装置名称			
测试时间		测量环境温度	
使用仪表			
接地网概况			
测点位置		电极引出方向	
接地装置及引线示意图：			
接地电阻试验结果记录：			
试验次数	电压极距离	电流极距离	测量电阻值（Ω）
第一次			
第二次			
第三次			
平均值（Ω）			
试验单位		试验人员	
记录人员		审核人员